Die Chef-Falle

Prof. Dr. Jörg Knoblauch ist geschäftsführender Gesellschafter der tempus-Gruppe. Das mittelständische Unternehmen wurde mit zahlreichen Preisen ausgezeichnet: Gewinner des »Best Factory Award«, einer Auszeichnung für das bestgeführte Kleinunternehmen Deutschlands, sowie des Ludwig-Erhard-Preis-Wettbewerbs. Das Fernsehen hat immer wieder über die pragmatische und erfolgreiche Unternehmensführung berichtet.

Als Referent vermittelt er komplexes Wissen einfach, praxisnah und humorvoll und versteht es, bei Vorträgen zu begeistern. Jörg Knoblauch ist Buchautor mit über 400000 verkauften Büchern, die mittlerweile in ein Dutzend Sprachen übersetzt sind.

www.joerg-knoblauch.de

Jörg Knoblauch

Die Chef-Falle

Wovor Führungskräfte sich in Acht nehmen müssen

Mit Cartoons von Dirk Meissner

Campus Verlag
Frankfurt/New York

ISBN 978-3-593-39941-6

Copyright © 2013 Campus Verlag GmbH, Frankfurt am Main
Umschlaggestaltung: Guido Klütsch, Köln
Cartoons: Dirk Meissner, Köln
Satz: Fotosatz L. Huhn, Linsengericht
Gesetzt aus der Sabon und der Neuen Helvetica
Druck und Bindung: Beltz Bad Langensalza
Printed in Germany

Dieses Buch ist auch als E-Book erschienen.
www.campus.de

Inhalt

Vorwort
Ich Chef – du dumm?

Vor gut drei Jahren habe ich schon einmal Alarm geschlagen: »Schlechtes Personalmanagement ruiniert Unternehmen« – das war die eindringliche Botschaft in meinem Buch *Die Personalfalle*. Es ging um A-, B- und C-Mitarbeiter und darum, dass ein C-Mitarbeiter immer überbezahlt ist, selbst wenn er umsonst arbeiten würde. Viele Chefs haben mir geschrieben, ich hätte ihnen die Augen geöffnet. Einer berichtete: »Seit ich das ABC-Prinzip verstanden habe, verdiene ich wieder Geld. Meine Probleme sind gelöst. Dass es so einfach geht, hätte ich nicht gedacht.«

Gleichzeitig hagelte es Proteste: »Du hackst auf B- und C-Mitarbeitern herum, aber es sind die Chefs, die Mitarbeiter erst zu B und C machen«, warfen Leser mir vor. In einer Zuschrift hieß es: »Ja, ich komme etwas später und dafür gehe ich etwas früher. Aber das ist eben genau das, was mein Chef auch macht ... Ich bin kein C, ich bin ein A. Demnächst kündige ich und werde anderswo beweisen, wie gut ich bin.« Das hat mich berührt. Es gibt nicht nur A-, B- und C-Mitarbeiter, sondern auch A-, B- und C-Führungskräfte. Mehr noch: Ein C als Chef wird niemals A-Mitarbeiter haben!

In immer mehr Firmen kommt ans Licht: Der Chef ist schlechter als gedacht. Er entwickelt sich nicht mehr ausreichend weiter. So fällt das ganze Team zurück, bis die Mitarbeiter sich anderswo einen besseren Chef suchen. Das ist die Chef-Falle! Deshalb gilt: Chefs müssen sich ihren Führungsanspruch neu verdienen. Ich bin davon überzeugt, dass ein Unternehmen allein mit A-Führungskräften Spitzenleistungen erzielen kann. Dafür will dieses Buch Ansporn sein. Doch hierzu ist es nötig, der ungeschminkten Wahrheit ins Gesicht zu sehen. Sind Sie bereit dazu?

Giengen an der Brenz, September 2013

Prof. Dr. Jörg Knoblauch

Kapitel 1

Schlechter als gedacht
Warum Chefs nachsitzen müssen

»Wer, glauben Sie, hat den Absturz von Nokia zu verantworten – die 122 000 Mitarbeiter oder die elf Topführungskräfte?« Als ich diese Frage höre, bin ich wie elektrisiert. Ich befinde mich nicht irgendwo, sondern ich bin gerade Teil einer Runde von Spitzenmanagern in der Schweiz. Die Frage stellt auch nicht irgendjemand, sondern Ram Charan. Falls Ihnen der Name nichts sagt: Der gebürtige Inder und ehemalige Professor an der Harvard Business School gehört zu den bestbezahlten Beratern der Welt. Zu seinen Kunden zählen Unternehmen wie General Electric, Air France-KLM oder die Bank of America. Zeitweise war der heute 74-Jährige weltweit so gefragt, dass er weder ein Haus noch eine Wohnung besaß, sondern ausschließlich in Hotels und bei Kollegen übernachtete.

In einem Satz: Wenn es jemanden gibt, der das Innenleben internationaler Konzerne aus dem Effeff kennt, dann heißt er Ram Charan. Dieser Mann stellte mir die provokative Frage, wer meiner Meinung nach am Niedergang von Nokia schuld sei – die Mitarbeiter oder die Chefs.

Was habe ich Nokia vor wenigen Jahren noch bewundert! Das finnische Unternehmen hatte sich vom unbedeutenden Hersteller von Toilettenpapier und Gummistiefeln zum Weltmarktführer für Mobiltelefone und zu einem der weltgrößten Telekommunikationsausrüster hochgearbeitet. Noch 2007 betrug Nokias Anteil am globalen Markt für Smartphones mehr als 50 Prozent. Ende 2012 waren es dann nur noch 3,5 Prozent. Es war das Jahr, in dem Nokia auch noch die Weltmarktführerschaft bei konventionellen Mobiltelefonen verlor. Die neue Nummer eins auf dem Handymarkt heißt Samsung und hat die Finnen nach 14 Jahren an der Spitze abgelöst. Wer hat den Niedergang von Nokia zu verantworten? Sind es die Mitarbeiter?

Wenn ich an die Mitarbeiter von Nokia denke, dann sehe ich vor meinem geistigen Auge Weinberge, eine Gastwirtschaft und Menschen, die auch ohne große Mengen Alkohol fröhlich feiern. Dieses Bild verdanke ich einer älteren Teilnehmerin meiner Seminare zur »ABC-Strategie«. Sie besitzt hier bei uns im Württembergischen ein Weinlokal und hat über die Jahre das Personal zahlloser großer wie kleiner Unternehmen kennengelernt. Nicht an deren Arbeitsplätzen, sondern während der Betriebsfeiern. Die traurige Bilanz der Gastronomin: Fast alle betrinken sich beim Feiern und benehmen sich daneben. Ihre Mitarbeiter haben kaum noch Lust, Gäste bei Betriebsfeiern zu bedienen. Die rühmliche Ausnahme: Nokia. »Wenn alle Leute so wären wie die Mitarbeiter von Nokia«, hatte eine Kellnerin nach der Feier des finnischen Konzerns gesagt, »dann könnten wir gerne jeden Tag eine Betriebsfeier ausrichten.« Die Unternehmerin hatte keinen Zweifel: Bei Nokia arbeiten fast ausschließlich A-Mitarbeiter. Mit anderen Worten: Die Nokia-Leute sind einfach top.

Das alles schoss mir auf die Frage von Ram Charan durch den Kopf. Und so antwortete ich aus meinem Gefühl heraus, ohne die Hintergründe genau zu kennen: »Ich vermute, die Chefs, nicht die Mitarbeiter, sind verantwortlich für den Absturz von Nokia.« Ram Charan, der Insider, nickte. Er gab mir voll und ganz Recht. Die Krise bei Nokia gehe zu 80 Prozent auf das Konto der elf Mitglieder des Board of Directors. Diese Topmanager hätten auf ganzer Linie versagt und das Unternehmen beinahe ruiniert. So unterschätzten sie beispielsweise lange das Potenzial der Smartphones. Sie konnten sich trotz aller Mängel nur schwer von der hauseigenen Software verabschieden. Sie verlagerten die Produktion in Niedriglohnländer und handelten sich damit massive Qualitätsprobleme ein. Ram Charan erzählte weiter. Beispiel folgte auf Beispiel. Und immer hatten die Chefs falsch entschieden.

A-Mitarbeiter und C-Chefs: Nokia ist überall

Nachdenklich fuhr ich aus der Schweiz nach Hause. Ich habe ein ganzes Buch darüber geschrieben, wie schwaches Personalmanagement Unternehmen ruiniert: *Die Personalfalle*. Ich gebe Seminare zur »ABC-Strategie«, inspiriert von einem Konzept meines großen Vorbilds Jack Welch. Danach muss es das Ziel eines jeden Personalmanagements sein, ein Unternehmen zu schaffen, das nahezu komplett aus A-Mitarbeitern besteht. Das sind Mitarbeiter, die aufgrund ihrer Fähigkeiten und Charaktereigenschaften eigenverantwortlich handeln und das Unternehmen jeden Tag ein Stück voranbringen. Gleichzeitig müssen die mittelmäßigen B-Mitarbeiter nach Kräften entwickelt werden. Und C-Mitarbeiter, die der Organisation Schaden zufügen, sollen ihre letzte Chance bekommen. Nutzen sie diese nicht, dann müssen sie gehen.

Ich bin nach wie vor zutiefst von der »ABC-Strategie« überzeugt. Zahllose Feedbacks von Unternehmern bestätigen mir, dass es im Grundsatz wirklich so einfach ist. Und doch hatte ich vielleicht etwas Entscheidendes übersehen: Was ist, wenn ein Unternehmen A-Mitarbeiter hat, aber C-Führungskräfte? Das ist bei Nokia in den letzten Jahren anscheinend der Fall gewesen. Und was ist wiederum, wenn die Führungskräfte B sind, also mittelmäßig und entwicklungsbedürftig? Können sie dann A-Mitarbeiter gewinnen und auf Dauer binden? Wahrscheinlich nicht.

Mir wurde bewusst, dass die »Personalfalle« keinen Unterschied zwischen einfachen Mitarbeitern und Führungskräften macht. Eine solche Trennung ist in der heutigen Zeit ohnehin kaum noch möglich. Alle Angehörigen der Organisation bilden gemeinsam ein Team. Auch Führungskräfte sind in diesem Sinne »Personal«. Allerdings mit dem Unterschied, dass C-Führungskräfte unvergleichlich mehr Schaden anrichten können als einfache C-Mitarbeiter. So wird aus der »Personalfalle« die noch gefährlichere »Chef-Falle«.

Doch wie verbreitet ist die Chef-Falle? Gibt es einzelne Ausreißer oder sind unsere Führungskräfte in Summe schlechter als gedacht? Je mehr ich mich mit der Frage beschäftigte, desto deutlicher wurde: Nokia ist überall. Auch in unserem Mittelstand gibt es landauf, landab Unternehmen, die von schwachen Führungskräften an den Rand des Ruins getrieben werden. Zunächst haben mich die vielen Zuschriften von Mitarbeitern unterschiedlicher Unternehmen auf mein Buch *Die Personalfalle* überrascht. Hunderte haben protestiert und schrieben mir immer wieder sinngemäß: »Knoblauch, du hast die falschen auf die Anklagebank gesetzt. C-Mitarbeiter fallen ja nicht vom Himmel. Es sind unsere Chefs, die uns zu dem gemacht haben, was wir sind.«

Es folgten wahre Horrorgeschichten über Führungskräfte, die, wenn sie einfache Mitarbeiter wären, mit diesen Leistungen wahrscheinlich keinen Tag länger in ihrer Firma bleiben dürften. Sie müssten ihre Schlüssel abgeben und bekämen Hausverbot. Doch C-Führungskräfte haben es vielerorts geschafft, sich abzusichern und unangreifbar zu machen. Je intensiver ich, gemeinsam mit meinem Team, recherchierte, desto deutlicher wurde: Viele Chefs müssen nachsitzen. Sie sind schlechter, als ich gedacht habe.

Lassen Sie mich an dieser Stelle zwei Dinge klarstellen. *Erstens*: Ich bin mit Leib und Seele Personalexperte und schreibe auch aus dieser Perspektive. Mir ist bewusst, dass Unternehmen auch aus Gründen scheitern können, die mit den Leistungen des Teams – vom Praktikanten bis zum Geschäftsführer – nichts zu tun haben. Doch das richtige Personal ist der größte Hebel für den Unternehmenserfolg. Gleichzeitig ist das immer noch der am meisten unterschätzte Faktor. Ich bleibe bei der Forderung aus meinen früheren Büchern, dass Personalmanagement in jedem Unternehmen höchste Priorität genießen sollte.

Zweitens: Ich schreibe dieses Buch nicht, um anzuklagen, sondern um aufzurütteln und dringend nötige Verbesserungen anzuregen. Es geht um unsere Wettbewerbsfähigkeit und damit um nicht weniger als unseren Wohlstand. Ich bin selbst Unternehmer und Führungskraft – und auch nur ein Mensch. Auch ich musste mir in den vergangenen Jahren manche Kritik anhören. Das war nicht immer schön, aber ich war bereit, dazuzulernen. Ich musste nachsitzen und habe es getan. Keine Frage: Die Erkenntnis, schlechter zu sein als gedacht, kann wehtun. Doch die Wahrheit muss ans Licht.

Bitte nachsitzen: Sieben Lernfelder für Chefs

Schon die Bibel warnt davor, andere Menschen zu bewerten oder gar zu verurteilen. Der Balken in unserem eigenen Auge ist meistens größer als der Splitter im Auge des anderen. Mir geht es deshalb auf den folgenden Seiten nicht um charakterliche Fehler von Chefs, sondern um Verhaltensweisen, die den Unternehmenserfolg gefährden. Mit seinem Charakter muss jeder selbst klarkommen, aber das Verhalten lässt sich ändern, wenn es offensichtlich nicht zum Ziel führt. Je mehr ich mich mit den Fehlern von Führungskräften beschäftigt habe, desto deutlicher kristallisierten sich bestimmte Verhaltensmuster heraus. Diese Muster ließen sich schließlich auf sieben Kardinalfehler schwacher Führungskräfte reduzieren. Wer sich diese Fehler anschaut und sich fragt, inwiefern er sie vielleicht selbst schon einmal begangen hat, erkennt gleichzeitig Lernfelder, auf denen er als Führungskraft besser werden kann.

Da ist zunächst die Neigung zum Mikromanagement. Manche Chefs mischen sich in alles ein und lassen ihren Mitarbeitern keine Freiheit. Dieses Muster begegnet mir im Mittelstand besonders häufig. Es wird noch schwieriger, wenn es sich gleichzeitig um einen Chef handelt, der sich persönlich nicht weiterentwickelt. Chefs, die nicht mehr auf der Höhe der Zeit sind, aber trotzdem alles bestimmen wollen, neigen besonders dazu, ihre Mitarbeiter auszubeuten. Wenn es ganz schlimm kommt, beschimpfen und erniedrigen sie ihre Mitarbeiter sogar. Leider spielt die Überforderung von Führungskräften sowohl im Mittelstand als auch in Konzernen eine nicht zu unterschätzende Rolle. Entweder das Unternehmen ist dem Unternehmer über den Kopf gewachsen oder der angestellte Manager ist einmal zu oft befördert worden. Schließlich finden viele Führungskräfte bei Entscheidungen nicht das richtige Maß. Sie zögern und verschleppen

Entscheidungen – oder sie sind Schnellentscheider, die überhaupt nicht nachdenken. Beide Extreme schaden dem Unternehmen.

Fehler 1: Mikromanagement oder »So macht man das!«

Ein mittelständisches Unternehmen im Rheinland. Nennen wir es hier einmal die Vollgas GmbH und den Inhaber und Geschäftsführer Heiko Heizer. Vor einiger Zeit kam ein neuer Produktionsleiter in die Firma. Ich kenne diesen Mann persönlich und weiß, dass er es von seinem bisherigen Job gewohnt war, selbstständig und eigenverantwortlich zu arbeiten. Bei Heizer erlebt er dann sein blaues Wunder: Beinahe im Stundentakt zitiert der Chef ihn sowie andere Mitarbeiter und Führungskräfte in sein Büro. Mal möchte Heizer von dem Verantwortlichen persönlich und auf der Stelle wissen, bei wie viel Prozent ein bestimmtes Projekt steht. Mal hat der Chef eine geniale Idee, die sofort jemand umsetzen soll. Und mal gefällt ihm der Arbeitsstil eines Mitarbeiters nicht. »So macht man das«, heißt es dann belehrend im Chefbüro.

Es dauerte nur wenige Wochen, da war der neue Produktionsleiter vom Mikromanagement seines Chefs vollkommen zermürbt. Da ist er nicht der einzige. In den vergangenen drei Jahren hat Heizer allein vier Vorzimmerdamen verschlissen. Sie hielten das Dauerfeuer seiner ständigen Anweisungen nicht mehr aus. Abgesehen davon, dass sie überhaupt keine Chance hatten, alles zu erledigen, was der Chef ihnen von früh bis spät auf den Schreibtisch legte. Eine der Assistentinnen meldete sich schon nach wenigen Tagen krank. Da entdeckten die Kollegen, dass sie vorsorglich schon einmal ihre persönlichen Gegenstände mitgenommen hatte. In besagten drei Jahren hat es auch drei Personalchefs und drei Produktionsleiter gegeben. »Zu Vollgas geht man nicht«, hieß es bei einer Karnevalssitzung in der Kleinstadt, in welcher der Mittelständler seinen Sitz hat, »von dort kommt man«. Großes Gelächter – alle wussten, was gemeint war. Wenn bei Heiko Heizer einmal ein Mitarbeiter den Mut hat, das Gespräch zu suchen und um Rat zu fragen, hat der Chef stets nur eine Antwort parat: »Mehr Gas geben! Ihr müsst einfach mehr Gas geben!«

Chefs wie der Sportwagenfan Heiko Heizer lieben die Geschwindigkeit und den schnellen Erfolg. Das ist vollkommen in Ordnung, solange sie es verstehen, ihre Mitarbeiter zu Spitzenleistungen anzuspornen. Die Chef-Falle schnappt zu, sobald ein Manager den Druck, den er sich selbst macht, ungefiltert und rücksichtslos an seine Mitarbeiter weitergibt. Er mischt sich überall ein und erwartet von allen, dass sie ihre Arbeit exakt so erledigen, wie er es selbst tun würde. Er betrachtet 500 Mitarbeiter wie 500 Finger an seinen Händen. Das kann nur schiefgehen.

Der Produktionsleiter der Vollgas GmbH sagte mir: »Meine einzige Chance ist, meinen Arbeitsstil vollkommen an den meines Chefs anzupassen. Aber das kann ich nicht und will ich nicht.« Richtig so. A-Mitarbeiter lassen sich nicht entmündigen. Wer als Chef seine besten Leute gängelt und ihnen alles vorschreibt, macht sie zu abwartenden B-Mitarbeitern und im schlimmsten Fall sogar zu C-Mitarbeitern, die nur darauf aus sind, für sich persönlich den größten Vorteil herauszuholen. Manchmal kommt eine regelrechte Negativspirale in Gang, weil Führungskräfte B-Mitarbeiter mit schwankenden Leistungen nicht weiterentwickeln, sondern unter Druck setzen, wodurch die Leistungen noch schlechter werden, woraufhin der Chef den Druck weiter erhöht – und so weiter.

Fehler 2: Entwicklungsblockade oder »Ich habe doch alles erreicht«

Es gibt Chefs, die fühlen sich einfach wohl auf ihrem Chefsessel und genießen ihren Status. Sie haben es geschafft, sie sind ganz oben. Hier ist die Luft gut und die Aussicht schön. Weiterentwicklung? Das soll die Personalabteilung doch für die Mitarbeiter organisieren. Aber bitte nicht zu oft, Sie wissen ja, was der ganze Spaß kostet! Der Chef braucht keine Weiterbildung, denn er säße ja nicht hier oben, wenn er nicht wüsste, wie man's macht. Das Problem: Ich kann als Chef meine Mitarbeiter nur maximal dorthin bringen, wo ich selbst stehe. Wenn ich mich auf den Erfolgen der Vergangenheit ausruhe, dann tun es meine Mitarbeiter auch. Und wenn ich nicht zur Kenntnis nehme, wie schnell sich heute negative Kundenerfahrungen über das Internet verbreiten, dann ist es meinen Mitarbeitern ebenfalls egal.

Jedes Mal, wenn ich mit United Airlines fliege, stelle ich mir deren Topmanager ungefähr so vor, wie eben beschrieben. Die nach Passagierkilometern größte Airline der Welt produziert eine Tragödie nach der anderen. Ein Beispiel gefällig? Bitte sehr: Ich bin an einem Montagmorgen um 4 Uhr in Boston am Flughafen, um den allerersten Flug nach Chicago zu erwischen. Dieser Flug wird von United angeboten, soll um 5:40 Uhr abfliegen und ist mit 330 Passagieren restlos ausgebucht. Um 5:20 Uhr wird der Flug am Gate aufgerufen. Das ist schon reichlich knapp. »Wir bitten zunächst die Passagiere der First Class und der Business Class sowie die Inhaber einer Vielfliegerkarte, sich zum Einsteigen zu begeben«, lautet die Durchsage. Ich fliege Economy, bin aber Vielflieger und stelle mich deshalb stolz ganz vorn in die Reihe.

Fünf Minuten später meldet sich die Stimme am Mikrofon stotternd ein zweites Mal: »Ich … ich weiß gar nicht, wie ich es Ihnen sagen soll: Gestern Nachmittag um 3 Uhr hätten die Piloten und Flugbegleiter hier in Boston ankommen sollen, um heute Morgen diesen ersten Flug zu fliegen. Leider gab es da offensichtlich ein Missverständnis. Die gesamte Crew ist erst heute Morgen um 3 Uhr eingetroffen, befindet sich jetzt im Hotel und darf nach den FAA-Regularien in den nächsten fünf Stunden nicht geweckt werden. Wir verschieben Ihren Flug deshalb auf 11 Uhr.« Auf den Bildschirmen stand später allen Ernstes »Delay. Crew not arrived« – ich habe es fotografiert! Von elf United-Flügen an diesem ganz normalen Montagmorgen in Boston – ohne Schnee oder Sturm, nicht einmal bei Regen – fielen vier aus. Dazu gehört schon einiges.

Sind die Mitarbeiter schuld? Ich weiß es nicht. Ich weiß nur, dass Analysten dem Topmanagement von United eine Trägheit bescheinigen, die das Unternehmen an den Rand des Ruins bringt. Nachdem die Fusion mit Continental verpatzt wurde – weder die Flugzeugtypen noch die Buchungsklassen noch die Reservierungssysteme passen bis heute zusammen –, geschah auch noch der PR-Gau: Das YouTube-Video mit dem Song »United breaks Guitars«, in dem der Musiker und Passagier Dave Carroll seinem Ärger darüber Luft macht, dass United seine bei der Gepäckverladung zerstörte Gitarre nicht ersetzen wollte, wurde mit über 12 Millionen Aufrufen zum Hit im Internet. Inzwischen gibt es ein Buch »United breaks Guitars«, dazu T-Shirts, Tassen, Schreibblöcke und andere Andenken. Dave Carroll hielt sogar in Harvard eine Vorlesung zum Thema »Beschwerdemanagement am Beispiel United Airlines«. Beschwerden gibt es bei United sicher einige, denn die Airline belegt bei der Kundenzufriedenheit den letzten Platz unter den 28 Mitgliedern des Luftfahrtbündnisses »Star Alliance«. Und was tut das Topmanagement an diesem Abgrund? Nichts. Es ignoriert die dringende Aufforderung zur Weiterentwicklung und macht *business as usual*.

Fehler 3: Mitarbeiterausbeutung oder »So ist halt der Markt«

Der Wettbewerb wird härter, die Leistungen werden austauschbarer und die Gewinnmargen dünner. So argumentieren manche Arbeitgeber gerne und da ist durchaus etwas dran. Allerdings haben auch Mitarbeiter das begriffen und sind längst zu Kompromissen bereit. In jedem zweiten der 100 gängigsten Berufe ist das Realeinkommen seit Anfang der 1990er-Jahre gesunken. Nach einer Studie der Universität Duisburg-Essen sinken die Realeinkommen leider dort am stärksten, wo die Menschen ohnehin wenig zum Leben haben: Bei den Geringverdienern waren die Einbußen am größten. Gleichzeitig sind deutsche Konzernmanager in den letzten 30 Jahren vom Mittelmaß zu Spitzenverdienern in Europa aufgestiegen. Nur britische CEOs verdienen im Schnitt noch mehr.

Wenn Chefs sich auf Markt und Wettbewerb berufen, um sich selbst mehr und mehr Geld zu zahlen, aber bei Menschen, die sich kaum das Nötigste zum Leben leisten können, die Löhne drücken, dann stimmt etwas nicht. Es ist eine Frage des Anstands, sich nicht auf Kosten der Schwächsten zu bereichern. Es ist darüber hinaus aber auch eine Frage der Vernunft, denn in einem Unternehmen, in dem Festanstellungen verweigert und Dumpinglöhne gezahlt werden, kann kein Klima entstehen, in dem A-Mitarbeiter sich wohlfühlen und jeden Tag Spitzenleistungen erbringen. Ich habe in der Vergangenheit darüber geschrieben, dass in den besten Unternehmen sogar Putzfrauen und Hausmeister Spitzenleute sind. Aber die gibt es nicht für 6,50 Euro die Stunde!

Ausgerechnet der Deutsche Bundestag ging hier mit schlechtem Beispiel voran. Während die Abgeordneten im Plenarsaal über Mindestlöhne debattierten, hat die Bundestagsverwaltung Hunderte Beschäftigte mit Billiglöhnen von 6,25 Euro die Stunde abgespeist. In den Parlamentsferien erhielten einige Mitarbeiter sogar überhaupt kein Geld. Das enthüllte das Nachrichtenmagazin *Focus* im Jahr 2012. Natürlich sind solche Zustände im öffentlichen Dienst eigentlich ausgeschlossen. Aber über Outsourcing und die Vergabe von Aufträgen an Fremdfirmen lassen sich die Löhne dann eben doch drücken. Betroffen sind Schreibkräfte, Fahrer, Reinigungspersonal und Sicherheitskräfte externer Unternehmen, die für das Parlament arbeiten. Manche Mitarbeiter beziehen ergänzend Hartz IV – trotz Vollzeitjob beim Bundestag.

Fehler 4: Erniedrigung oder »Den mache ich rund«

Stundenlöhne, für die man in der heutigen Zeit gerade einmal einen Kaffee und ein Sandwich bei Starbucks bekommt, sind für die Betroffenen bereits erniedrigend genug. Einige Chefs hierzulande schrecken jedoch nicht einmal davor zurück, ihre Mitarbeiter – egal auf welcher Gehaltsstufe – regelmäßig zu beschimpfen und zu beleidigen. Aus zahlreichen traurigen Zuschriften sowie aus unserer Beratungspraxis weiß ich, dass es Mitarbeiter gibt, die von ihren Vorgesetzten als »Schwein« oder »fette Sau« bezeichnet werden oder sich beinahe täglich sexuelle Anzüglichkeiten anhören müssen. Manche Chefs kommen offenbar morgens ins Büro und nehmen sich vor, heute mal einen Mitarbeiter so richtig »rund zu machen«.

Ich bin selbst Unternehmer und weiß, wie stark der Frustpegel auf dem Chefsessel ansteigen kann: lähmende Bürokratie, fatale Fehler von Mitarbeitern, technische Pannen. Das alles kann Menschen, die große Ziele erreichen wollen, zur Weißglut bringen. Wer aber Führungskraft sein will, der darf seinen Frust niemals an seinen Mitarbeitern auslassen. Wenn Ihnen als Chef der Kragen zu platzen droht, dann machen Sie Sport, hören Sie über Kopfhörer laute Musik, gehen Sie in die Natur und schreien Sie – tun Sie irgendwas, das Ihnen hilft, Ihre Aggressionen loszuwerden. Aber lassen Sie um Himmels willen Ihre Mitarbeiter in Ruhe!

Einen Unternehmer, der sich nicht beherrschen konnte, stellte das Magazin *Stern* im Jahr 2012 an den Pranger: »Liqui-Moly-Chef pöbelt gegen Mitarbeiter«, berichtete das Blatt. Ernst Probst hatte bis dahin nicht nur in Fernsehspots für seine Motoröle geworben, sondern sich auch als Saubermann der Branche positioniert. Öffentlichkeitswirksam prangerte er die Mineralölkonzerne an und warb für mehr »Anstand und Respekt«

in der Geschäftswelt. Im *Stern* war dann eine E-Mail zu lesen, die ausgerechnet Probst 2009 an alle 500 Mitarbeiter seiner Unternehmensgruppe geschickt hatte. Darin titulierte er einen soeben entlassenen Manager als »hinterfotzig« und »jämmerlich«. Der Mann habe »nichts gearbeitet« und sein Verhalten sei »pfui Teufel«. Doch der Firma geschadet hat weniger der Entlassene als Probst selbst mit seinen Pöbeleien. Nach den Enthüllungen war der Chef als Werbefigur nicht mehr tragbar. Liqui Moly musste mit einem erheblichen Imageschaden fertigwerden. *Den Link zur vollständigen E-Mail finden Sie unter www.die-chef-falle.de.*

Fehler 5: Selbstüberschätzung oder »Alles so groß geworden«

Leider gibt es auch Chefs, die nicht nur Fehler machen, sondern eine einzige Fehlbesetzung sind. Sie trauen sich ihren Job zwar zu, aber ehrlicherweise müssten sie erkennen, dass ihnen die Dinge über den Kopf wachsen und sie eine Aufgabe dieser Größenordnung nicht (mehr) beherrschen. Solche Chefs sitzen entweder dort, wo ein Unternehmen schnell und stark gewachsen und dabei hoch komplex geworden ist. Oder es sind ursprünglich begabte und fähige Mitarbeiter, die »einmal zu viel befördert« worden sind. In der Praxis werden sie normalerweise nicht mehr zurückgeholt und richten dann Unheil an. Hier wirkt das von dem amerikanischen Managementautor Laurence J. Peter bereits 1969 beschriebene und nach ihm benannte »Peter-Prinzip«. Peter schrieb damals: »In a hierarchy every employee tends to rise to his level of incompetence.« Mit anderen Worten: Jeder steigt so lange auf, bis er garantiert überfordert ist.

Eine solche verhängnisvolle Beförderung habe ich zuletzt in den USA erlebt. Ich bin dort Mitglied im Aufsichtsrat eines großen Verbands für Führungskräfte. Der Verband lebt nicht schlecht, denn neben den Mitgliedsbeiträgen gibt es immer wieder größere Spenden. Außerdem kommen bei Fundraising-Dinners schöne Summen zusammen. Vor drei Jahren wählten wir im Aufsichtsrat einen neuen Chef, den ich hier einmal Jim nenne. Jim war ziemlich eitel und ließ sich gleich zwei Titel auf seine neue Visitenkarte drucken: »President & CEO«. Aber er war auch ein sympathischer »Teddybär«, weshalb wir glaubten, einen guten Kommunikator und Netzwerker an die Spitze des Verbands gewählt zu haben.

Doch dann stockten die Spenden. Das Bankguthaben des Verbands ging in den Keller. Aus einem Finanzpolster in Millionenhöhe wurden innerhalb von zwei Jahren ebenso hohe Schulden. Gleichzeitig wirkten die Mitarbeiter plötzlich lustlos und riefen nicht mehr die gewohnte Leistung ab. Bei jeder Aufsichtsratssitzung drängte ich darauf, die mögliche Trennung von Jim auf die Tagesordnung zu setzen. Doch der Aufsichtsratsvorsitzende war mit Jim eng befreundet und schaffte es jedes Mal, den Punkt »Jim« so weit nach hinten zu schieben, dass am Schluss keine Zeit mehr für die Diskussion war. Erst als der Verband so gut wie pleite war, wurde Jim entlassen. Die unmittelbare Folge: Für den Verband in seinem inzwischen desolaten Zustand fand sich nur schwer ein neuer Chef. Wir mussten schließlich 50 Prozent mehr Geld bieten, als der ohnehin schon überbezahlte Jim erhalten hatte. Glücklicherweise konnte der Neue dann wirklich das Ruder herumreißen, und das Konto füllte sich wieder.

Die Geschichte geht aber noch weiter. Jim hatte zwei enge Mitarbeiter, die ich am liebsten ebenfalls entlassen hätte. Einer davon heißt John. John war, so wie ich ihn früher kannte, keine große Leuchte gewesen. Er hatte mir entweder gar keine oder falsche Auskünfte gegeben. Doch seit dem Führungswechsel ist John wie ausgetauscht. Er ist jetzt in Sitzungen immer bestens vorbereitet, steuert wichtige Details bei und macht das Protokoll sofort im Anschluss statt erst Tage später. In einer Sitzungspause kam ich nicht umhin, auf John zuzugehen und ihn um Entschuldigung zu bitten. »John«, sagte ich, »ich muss gestehen, ich habe nicht immer gut über dich geredet. Und um ehrlich zu sein, wäre es mir sehr lieb gewesen, wenn du mit Jim zusammen gegangen wärst. Was ist nur passiert, dass jetzt alles so anders ist?« Darauf sagte John nur den Satz: »Jim hat mich nicht gelassen.«

Johns Hände waren die ganze Zeit gebunden. Er konnte nicht anders, sondern musste das machen, was sein Chef von ihm wollte, und zwar penibel. Jetzt aber macht ihm die Arbeit wieder Spaß. Und da haben wir es: Mitarbeiter werden geradezu blockiert, wenn ihre Chefs C sind. John hätte genauso gut sagen können: Ich bin ein A, aber mein Chef hat mich zu einem C gemacht. Ein Chef, der sich maßlos überschätzt, richtet eben nicht nur selbst Schaden an, sondern zieht auch noch seine Mitarbeiter in den Abgrund. Mitarbeiter werden nicht als C-Mitarbeiter geboren, sondern von ihren Chefs dazu gemacht. Wer als Chef seiner Aufgabe nicht gewachsen ist, der muss dies einsehen und zurücktreten. Das gilt auch für

Unternehmer. Sie sollten den Zeitpunkt erkennen, an dem es wichtig ist, einen Geschäftsführer einzustellen, der es besser macht.

Fehler 6: Entscheidungsschwäche oder »Das haben wir immer so gemacht«

In einer Studie wurden 125 Insolvenzverwalter nach den Ursachen von Unternehmenspleiten befragt. 71 Prozent der Insolvenzverwalter sahen im Versagen des Geschäftsführers die häufigste Pleiteursache. Na klar, hätte ich vor einigen Jahren noch gedacht – für die Insolvenzverwalter sind ja immer wir Unternehmer schuld! Je länger ich als Unternehmensberater unterwegs bin und Einblick in unterschiedliche Firmen habe, desto besser erkenne ich die wirklichen Zusammenhänge. Schaut man sich die Studie genauer an, dann beklagen die Insolvenzverwalter unter anderem einen autoritären Führungsstil, gepaart mit Entscheidungsschwäche. Ein Chef, der stur an seinen alten Konzepten festhielt und unfähig war, bessere Entscheidungen zu treffen, hat nach Meinung der Insolvenzverwalter in fast 60 Prozent der Insolvenzfälle wesentlich zur Pleite beigetragen. Diese Zahl kann ich aus eigener Erfahrung als Berater sehr gut nachvollziehen.

Ein entscheidungsschwacher Chef meint es oft sogar gut. Er will niemand vor den Kopf stoßen oder enttäuschen. Nehmen wir noch einmal Nokia als Beispiel: Als der Boom der Smartphones begonnen hatte und Apple mit dem iPhone sowie die asiatischen Hersteller mit dem Betriebssystem Android von Google spektakuläre Erfolge feierten, hätte klar sein müssen, dass Nokias hausgemachtes Betriebssystem Symbian nicht mehr gut genug ist. Doch es gab bei den Finnen ein eingespieltes Entwicklerteam für Symbian. Man war stolz auf das eigene Programm und hätte bei einem Wechsel zu einer anderen Software die meisten Programmierer entlassen müssen. Ein schmerzhafter Einschnitt. Als dann später doch die Allianz mit Microsoft und der Wechsel zum Betriebssystem Windows für Smartphones kam, war wertvolle Zeit verstrichen. Monatelang blieb es bei der Ankündigung neuer Produkte. Dieser Zeitverlust wäre vermeidbar gewesen und wirkte sich für Nokias Marktposition fatal aus. Der Marktanteil bei Smartphones sank auf unter 5 Prozent.

Fehler 7: Aktionismus oder »Probieren wir doch mal was anderes«

Wer eingesehen hat, dass entscheidungsschwache Chefs Unternehmen ruinieren können, den warne ich an dieser Stelle gleich vor dem anderen Extrem: Die hektischen Schnellentscheider sind genauso gefährlich für das Überleben eines Unternehmens wie unflexible und entscheidungsschwache Chefs. Während autoritärer Führungsstil häufig ein Problem älterer Chefs ist, verfallen Nachwuchsführungskräfte gerne in das andere Extrem. Sie sehen sich als »Business Punks«, radikale Querdenker, blitzgescheite Innovatoren und schmerzfreie Aufräumer. Nachhaltigen Erfolg haben sie selten. Wenn die Prioritäten schneller wechseln, als die Mitarbeiter es nachvollziehen können, entsteht Verwirrung, die schließlich in Lähmung mündet.

Während 2012 beispielsweise für den Sportartikelhersteller Adidas das erfolgreichste Jahr der Unternehmensgeschichte wurde, schlitterte der Mitbewerber Puma in die Krise. Ein Jahr zuvor hatte der französische Mutterkonzern den damals erst 32-jährigen Franz Koch zum Geschäftsführer von Puma ernannt. Weil 2012 trotz Olympischer Spiele der Gewinn einbrach, beschloss Koch ein hektisches Umstrukturierungsprogramm, das aber nicht zündete und ihn nach kurzer Zeit seinen Job kostete. Als Koch die Firma umkrempeln wollte, war es wahrscheinlich schon zu spät, um kurzfristig das Ruder herumzureißen. Jahrelange Fehler bei der Markenführung oder in der Vertriebsstruktur lassen sich nicht mit Radikalkuren korrigieren.

Noch fraglicher als die Zukunft von Puma erscheint mir, was aus der Zeitschrift *Capital* werden soll. Dieses Magazin war vor gut 30 Jahren unter seinem damaligen Chefredakteur Johannes Gross ein echtes Premiumprodukt und ein wahres Wunderwerk. Ein Exemplar kostete 10 DM – die Bild-Zeitung damals 40 Pfennig –, und wer ein Abo haben wollte, musste nachweisen, dass er zur Zielgruppe gehörte. Entsprechend exklusiv waren aber auch die Inhalte. Mittlerweile wurde *Capital* zunächst mit *Impulse* und der *Financial Times Deutschland* in eine gemeinsame Redaktion namens »Gruner + Jahr Wirtschaftsmedien« gezwungen. Nach dem plötzlichen Aus für die *Financial Times Deutschland* Ende 2012 wurde die Redaktion nach Berlin verlegt. Dort soll die Zeitschrift von einem neuen Team weiter produziert werden. Wenn dieses Buch gedruckt ist, können Sie gerne einmal am Kiosk nachschauen, wie es um *Capital* jetzt bestellt ist. Beschlossen wurde der Schlingerkurs im Vorstand von Gruner + Jahr. Den Journalisten wäre es bestimmt nicht eingefallen, eine Marke derart zu beschädigen.

Raus aus der Chef-Falle

Führungskräfte, die ahnen, dass sie weniger gut sind als gedacht, fragen mich als Berater manchmal: Was kann ich denn konkret tun, um besser zu werden? Aktionismus ist auch an dieser Stelle völlig unangebracht. Ich empfehle jedem Chef, der sich verbessern möchte, zunächst einmal die ehrliche Bestandsaufnahme. Selbstreflexion ist der entscheidende Schritt, wenn es darum geht, ein besserer Chef zu werden. Wenn nicht nur Mitarbeiter, sondern auch Chefs A, B oder C sein können, dann sollten Führungskräfte im ersten Schritt herausfinden, ob sie ein A-, B- oder C-Chef sind. Wie man das macht? Ganz einfach: Die Mitarbeiter fragen! Wenn die Wahrheit ans Licht soll, dann hilft nur Feedback von anderen. Aus langjähriger Erfahrung weiß ich: Mitarbeiter, die in einem fairen Verfahren befragt werden, schätzen ihre Vorgesetzten absolut realistisch ein.

In meinem eigenen Unternehmen arbeiten wir schon seit Jahren mit Bewertungen der Führungskräfte durch die Mitarbeiter. Wenn Sie meine beiden Bücher *Die besten Mitarbeiter finden und halten* und *Die Personalfalle* kennen, dann ist Ihnen das ABC-Thema längst geläufig. Die charakteristischen Merkmale von A-, B- und C-Mitarbeitern lassen sich nun genauso gut auf Unternehmer und Führungskräfte übertragen. Daraus ergibt sich in etwa folgendes Bild:

- *A-Chefs* zeigen ein außergewöhnliches Maß an visionärer Kraft, Engagement und Erfolg. Sie denken stets voraus, handeln initiativ und motivieren auch andere zu Spitzenleistungen. Diese Führungskräfte haben nicht nur ausgezeichnete Ideen, sondern bilden sich auch ständig weiter. Ihren Mitarbeitern geben sie sämtliche Ressourcen und Werkzeuge in die Hand, die diese brauchen, um ebenso erfolgreich zu sein wie ihr Chef.

- *B-Chefs* sind meistens erfolgreich und erfüllen in der Regel die Erwartungen von Mitarbeitern, Kunden oder Investoren. Manchmal erzielen sie ausgezeichnete Ergebnisse, die von denen eines A-Chefs nicht zu unterscheiden sind. Manchmal machen sie es jedoch auch unnötig kompliziert und halten ihre Mitarbeiter auf. Sie bilden sich unregelmäßig weiter, neigen zu Mikromanagement und sparen gerne an Ressourcen für Mitarbeiter.
- *C-Chefs* haben ausschließlich ihre persönlichen Interessen im Blick und handeln mehr oder weniger häufig auf Kosten des Unternehmens. Sie haben keine Zukunftsvision, bilden sich nicht weiter und sperren sich gegen Veränderungen. Gegenüber ihren Mitarbeitern verhalten sie sich typischerweise autoritär und misstrauisch. Sie verweigern ihnen die nötige Unterstützung und neigen dazu, Mitarbeiter zu überwachen und zu kontrollieren – bis hin zur Videoüberwachung.

Das Tableau in Abbildung 1 gibt Ihnen einen Überblick, worauf es ankommt. Chefs können jeweils im Hinblick auf Vision, Führung, Einsatzbereitschaft, Selbstständigkeit, Kundenbezug, Umgang mit Mitarbeitern, Teamarbeit, Zielerreichung, Integrität und Kommunikation A, B oder C sein. Nutzen Sie als Führungskraft diese Matrix zunächst für eine erste Reflexion! Lassen Sie sich dann anschließend von Ihren Mitarbeitern bewerten. Das Tool dazu finden Sie in Kapitel 5 des Buchs. *Den vollständigen Testbogen für Führungskräfte erhalten Sie auch kostenlos auf der Website www.die-chef-falle.de.*

Am Anfang gehört Mut dazu, sich von seinen eigenen Mitarbeitern im Hinblick auf die Kriterien in Abbildung 1 bewerten zu lassen. In unserem Unternehmen ist das sowohl für die Führungskräfte als auch die Mitarbeiter längst Routine. Wir haben auch einen glasklaren Maßstab: Wer nicht mindestens die Durchschnittsnote 2,5 erreicht, der hat das Vertrauen der Mitarbeiter verloren und sollte das Unternehmen verlassen. Vor einigen Jahren bin ich von unseren Mitarbeitern mit 2,4 benotet worden und war damit knapp an der Grenze, die Firma verlassen zu müssen. Nun ist es für den Inhaber nicht so einfach, zu gehen, da ja erst einmal die Unternehmernachfolge geregelt werden müsste. Ich habe deshalb damals mit allen Mitarbeitern einzeln gesprochen und um eine Bewährungszeit gebeten. In dieser Zeit habe ich alles getan, um ein besserer Chef zu werden. Ich habe

	A-Kraft	B-Kraft	C-Kraft
Vision	Arbeitet ständig an einer Vision, die nicht nur gut, sondern auch umsetzbar ist.	Die Vision ist nicht sehr gut durchdacht und auch wenig realistisch.	Ist eher rückwärts gerichtet statt vorwärts denkend.
Führung	Liebt den Wandel und ist in der Lage, diesen zu initiieren und zu kommunizieren.	Wandel ist möglich, aber nur vorsichtig und in kleinen Schritten. Seine Mitarbeiter folgen willig, jedoch nicht begeistert.	Will alles beim Alten belassen, hat wenig Vertrauen unter den Mitarbeitern. Seine Mitarbeiter folgen nur zögernd.
Einsatzbereitschaft	Bringt einen leidenschaftlichen Einsatz. Dinge werden zügig entschieden.	Manchmal hoch motiviert, manchmal aber auch nur durchschnittlich engagiert.	Engagierte Führungskraft, jedoch mit sehr unterschiedlichem Tempo
Selbstständigkeit	Überwindet Hindernisse. Lässt sich durch nichts zurückhalten. Setzt nicht nur neue Maßstäbe, sondern führt ein neues Weltbild ein.	Hellwach – findet immer wieder neue Lösungen.	Benötigt genaue Anweisungen.
Kundenbezug	Hochsensibel, wenn es um Kundenbedürfnisse geht. Bewusstsein »Kunde ist König«.	Die Umsetzung ist nicht so konsequent wie bei A. Bewusstsein »Kunde ist Partner«, bestenfalls »auf Augenhöhe«.	Zu sehr auf sich bezogen. Schätzt die Bedürfnisse und Ansprüche des Kunden oft falsch ein.
Mitarbeiter bewerten und auswählen	Stellt nur A-Mitarbeiter ein bzw. Personen mit A-Potenzial. Hat keine Angst vor Ungeliebtem und Konfrontationen und ist bereit, sich von C-Kräften zu trennen.	Stellt hauptsächlich B-Mitarbeiter ein, hin und wieder auch teure C-Kräfte. Kann mit Zweitklassigkeit leben.	Stellt hauptsächlich C-Kräfte ein. Mittelmäßigkeit wird akzeptiert.
Teamarbeit	Baut zielgerecht und ergebnisorientiert handelnde Teams. Er ist der Muntermacher der Firma.	Will zwar Teamarbeit, tut aber wenig dafür.	Nimmt anderen die Motivation. Unkontrollierte Einzelaktionen lassen keine Synergieeffekte zustande kommen.
Zielerreichung	Übertrifft alle Erwartungen, sowohl der Mitarbeiter als auch der Kunden und der Inhaber.	Erreicht schriftlich festgelegte Zielsetzungen.	Ziele werden hin und wieder erreicht.
Integrität	Absolut transparent	Meistens ehrlich	Biegt sich die Dinge hin, wie er sie braucht.
Kommunikation	Erstklassische mündliche und schriftliche Fähigkeiten	Durchschnittliche Fähigkeiten	Mittelmäßige Fähigkeiten

Abbildung 1: Das Führungskräfte-ABC

Bücher gelesen, Coaching beansprucht, Feedbacks eingeholt und vieles mehr. Führen kann man lernen wie alles andere im Leben auch. Wenn ich heute in diesem Buch behaupte, dass Chefs nachsitzen müssen, dann weiß ich nicht nur, warum es nötig ist, sondern auch, dass es hilft.

Kapitel 2

Das Unternehmerparadoxon
Als Gründer ein Genie, als Chef eine Niete

Mit seinem Buch *Ich arbeite in einem Irrenhaus* landete Martin Wehrle einen Bestseller. Als »Irrenhaus« erlebt der Autor den »ganz normalen Büroalltag«. Da trägt einer ganz schön dick auf, könnte man denken. Ich kenne allerdings einen erfolgreichen Unternehmer, der sogar kurz davor war, sich seinen Nachfolger aus der geschlossenen Psychiatrie zu holen. Das kam so: Ein Freund aus dem Rotary Club hatte dem älteren Herrn einen Tipp gegeben. Da gebe es einen hoch begabten Investmentbanker, der sei gerade frei. Ein Vorstellungsgespräch fand statt. Danach zögerte der Unternehmer nicht lange und bot dem potenziellen Nachfolger eine dreijährige, glänzend bezahlte Einarbeitungszeit an. Anschließend sollte der Neue die komplette Firma, samt millionenschwerer Beteiligungen an anderen Unternehmen, übernehmen.

Kaum war die Tinte auf dem Vertrag trocken, kam es zum Streit. Erst jetzt fand der Unternehmer heraus, dass es sich bei der Anschrift seines neuen Geschäftsführers um die einer geschlossenen psychiatrischen Klinik handelte. Für das Bewerbungsgespräch hatte der Patient einen halben Tag Freigang bewilligt bekommen. Sofort wollte der Unternehmer den Vertrag auflösen. Doch sein Beinahe-Nachfolger galt zwar als verrückt, war aber nicht dumm. Er verklagte seinen Noch-Chef auf 2,5 Millionen Euro Abfindung. Bei dieser Geschichte frage ich mich: Wie tief muss jemand in die Chef-Falle getappt sein, um in einem Irren seinen perfekten Nachfolger zu erblicken? Was ließ diesen Unternehmer glauben, auf einen mehrstufigen Einstellungsprozess und eine zweite Meinung verzichten zu können?

Immer wieder fällt mir auf, dass es gerade die Senkrechtstarter sind, die am Anfang so genialen und durch nichts aufzuhaltenden Gründer, denen irgendwann die Pferde durchgehen. So wie einem anderen Bekannten von mir, der Inhaber eines mittelständischen Logistikunternehmens in Norddeutschland ist. Bei der Geschichte, die er vor kurzem selbst erzählte, weiß ich nicht, ob ich lachen oder weinen soll. Nachdem er bereits einen Schlaganfall und akute Lähmungen hinter sich hatte, schrieb er während einer Sitzung plötzlich groß auf ein Blatt Papier: »Ich kann nicht mehr sprechen.« Mit dem Rettungswagen ging es ins Krankenhaus. Und was macht der Chef in der Notaufnahme? Er schreibt auf dem iPad eine E-Mail an seine Frau, dass er heute zwei oder drei Stunden später nach Hause käme. Dann beantwortet er während der Untersuchungen im Minutentakt weitere E-Mails und regt sich dabei so sehr auf, dass die Messgeräte der Ärzte verrücktspielen. Nicht einmal jetzt, wo seine Gesundheit ernsthaft in Gefahr ist, kann er loslassen und darauf vertrauen, dass die Mitarbeiter in seiner Abwesenheit schon das Richtige tun werden.

Angesichts solcher Chefs braucht sich niemand zu wundern, wenn Mitarbeiter ihre Firma als ein Irrenhaus empfinden. Einmal mehr stellte ich mir die Frage, ob es sich hier um traurige Einzelfälle oder um ein Muster handelt. Je genauer ich, gemeinsam mit meinem Team, analysierte, was uns in unserer Beratungspraxis seit Jahren immer wieder begegnet, desto mehr kristallisierte sich tatsächlich ein Phänomen heraus: Hervorragende Gründer sind oft lausige Chefs. Das Unternehmen ist rasant gewachsen, aber der Chef ist es innerlich nicht. Gemeinsam mit Stefan Geisperger, einem befreundeten Manager, habe ich dieses Phänomen schließlich das »Unternehmerparadoxon« getauft.

Was ist das Unternehmerparadoxon und wie entsteht es?

Unter einem »Paradoxon« verstanden die alten Griechen einen inneren Widerspruch, der sich nicht ohne weiteres auflösen lässt. Dieser innere Widerspruch sieht bei vielen Unternehmern so aus: Dieselben Verhaltensweisen, mit denen sie als Gründer Erfolg haben, lassen sie später als Vorgesetzte scheitern. Wenn sie nicht gleich pleitegehen, dann ruinieren sie zunächst ihre Gesundheit, vernachlässigen ihre Familie, machen ihre Mitarbeiter unglücklich und gefährden damit die Zukunft ihrer Firma. Manchmal mündet ein märchenhafter Aufstieg erst einmal in eine Phase relativ stabilen Erfolgs. Lange geht es gut, obwohl viele den Kopf schütteln. Selbstüberschätzung, autoritärer Führungsstil und heilloses Mikromanagement sorgen dann aber irgendwann doch für das jähe Ende. So war es zum Beispiel bei Anton Schlecker.

In unserer Beratungspraxis erleben wir immer wieder das Gleiche: Was den wahren Unternehmer am Anfang ausmacht – morgens der Erste und abends der Letzte sein, jeden Kunden im Blick haben, sich um jedes Detail kümmern –, wird ihm ab 50, spätestens 100 Mitarbeitern zum Verhängnis. Der Chef verpasst den richtigen Zeitpunkt, sein Verhalten grundlegend zu ändern. Ich kann das sogar sehr gut verstehen, denn die Ergebnisse scheinen dem Gründer lange Recht zu geben. Der Unternehmertyp, von dem hier die Rede ist, hat oft seine Firma aus den kleinsten Anfängen heraus zu einer Erfolgsgeschichte gemacht. Er ist ein genialer Typ, der schnell denkt und noch schneller handelt, ein Multitalent, das immer zwei bis drei Dinge auf einmal tut. Das trägt ihm anfangs eine Menge Bewunderung ein: Wow, denken die Leute, das ist ein echter Macher!

Die ersten Jahre nach einer Existenzgründung sind nie einfach, aber ein Unternehmer, bei dem sich Genialität mit eisernem Willen paart, macht immer seinen Weg. Später, mit 100, 300, 500 oder auch 1000 Mitarbeitern, tut er sich dann ausgesprochen schwer. Die Stimmung ist am Boden.

Er selbst beklagt sich den halben Tag über unfähige, zu langsame und unzuverlässige Mitarbeiter, denen man alles dreimal erklären muss und bei denen man trotzdem nie weiß, ob am Ende alles klappt. Werden die Mitarbeiter gefragt, dann sehen sie ihren Chef als jemanden, der sie mehr an der Arbeit hindert, als sie zu unterstützen. Für den Chef ist es nie genug, selten gibt es mal ein Lob, dafür tonnenweise Kritik. Deshalb haben die ersten bereits innerlich gekündigt.

Unternehmer sind dominante Persönlichkeiten und sagen, wo es langgeht. Gleichzeitig sprühen sie vor Ideen und schmieden fortlaufend Pläne. Ein guter Unternehmer hat in einer halben Stunde mehr Ideen als ein Beamter in seinem ganzen Leben. Er ist ein Trommler für Tempo und Innovation. Das ist seine Paraderolle – und die soll er auch spielen! Je größer das Unternehmen jedoch wird, desto mehr ist der Unternehmer darauf angewiesen, in dieser Rolle auch Mitspieler zu haben, die ihn ergänzen. Der dominante Macher braucht in seinem Team andere Persönlichkeiten, die Ausgleich, Ruhe und Beständigkeit in die Firma bringen. Er braucht Querdenker, die es wagen, ihm zu widersprechen. Und er braucht nicht zuletzt nüchterne Analytiker, die ihm zeigen, wo Effizienzpotenziale vernachlässigt werden.

Neben dem richtigen Team benötigt der Unternehmer ein Zielesystem. Bei bis zu 50 Mitarbeitern kann der Chef noch führen. Doch bei 500 Mitarbeitern müssen die Ziele »führen«, die der Chef mit seinen Mitarbeitern vereinbart hat. In unserer Beratungsarbeit erstellen wir für Unternehmen komplette »Zielebücher«, in denen für jeden einzelnen Mitarbeiter Jahresziele festgeschrieben werden. Ein Zielesystem macht Schluss mit den unberechenbaren Bauchentscheidungen des Chefs. Dieses Mikromanagement, das ich im Kapitel 1 bereits näher beschrieben habe, zermürbt auf Dauer die besten Mitarbeiter. Die Mitarbeiter sollen nämlich nicht das tun, was der Chef will, sondern das, was den Unternehmenszielen und den eigenen Entwicklungszielen am besten dient.

Das Unternehmerparadoxon lässt sich auflösen, wenn der Chef bereit ist, am Ende der Gründungsphase seine Rolle neu zu lernen. Dafür muss er genau das aufgeben, was ihn in den letzten Jahren erfolgreich gemacht hat. Das ist leichter gesagt als getan. Deshalb stelle ich in den folgenden Abschnitten zwei Modelle vor, die diesen Lernprozess in einzelne Schritte herunterbrechen und zeigen, worauf es an jeder Stelle ankommt.

Heute Hugo, morgen Boss: Wachstumsphasen

Ich nenne ihn scherzhaft Hans Dampf: einen Unternehmer, der mittlerweile annähernd 100 GmbHs besitzt. Wenn ich zu ihm ins Auto steige und er mich ein Stück mitnimmt, befinde ich mich wie in einem rollenden Callcenter, denn alle zwei bis drei Minuten geht ein Anruf ein. Der Chef kümmert sich um alles sofort und gibt selbst seinen hoch bezahlten Führungskräften genaue Anweisungen. Wenn einmal auf ein paar Kilometern niemand anruft, dann fällt ihm selbst etwas ein und er telefoniert, um seinen Gedanken loszuwerden. Er hat alle Zahlen, Daten und Fakten im Kopf und hält sein immer komplexeres Firmenkonglomerat mit einem irrsinnigen Kraftaufwand zusammen.

Lange wird ihm das jedoch nicht mehr gelingen, denn er geht auf die 80 zu. Und ein Nachfolger, der das Genie am Steuer ersetzen könnte, ist nicht in Sicht. Diesen Nachfolger kann es auch gar nicht geben. Längst hätte der Unternehmer eine Struktur schaffen müssen, die seiner Unternehmensgruppe Wachstum durch intelligente Zusammenarbeit ermöglicht und sie unabhängig vom Kopf einer einzelnen Person macht.

Um das besser zu verstehen, hilft ein bewährtes Modell des Wirtschaftswissenschaftlers Larry E. Greiner. Der emeritierte Professor für Management und Organisation an der University of Southern California unterscheidet fünf Phasen des Wachstums eines Unternehmens. An jedem Übergang von einer Phase zur nächsten müssen Management und Mitarbeiter eine Krise überwinden, die gleichzeitig einen Wendepunkt markiert. Nach allen vier Wendepunkten, also in jeder neuen Phase, brauchen Führungskräfte andere Instrumente als diejenigen, mit denen sie bisher erfolgreich waren. Das Phasenmodell von Greiner sagt dabei nichts über die zeitliche Dimension aus. Manche Unternehmen durchlaufen alle Phasen rasend schnell, wie beispielsweise Google zwischen 1998 und 2011, während andere viele Jahre auf demselben Level verharren. Auch können die einzelnen Phasen, anders als die Grafik in Abbildung 2 nahelegt, unterschiedlich lang dauern.

Wenn Unternehmen scheitern, dann deshalb, weil sie die Krisen an den Wendepunkten der einzelnen Wachstumsphasen nicht bewältigen. Sobald es anfängt, chaotisch zu werden, und die Dinge nicht mehr funktionieren – Kundenbeschwerden, frustrierte Mitarbeiter, Kündigungen und so

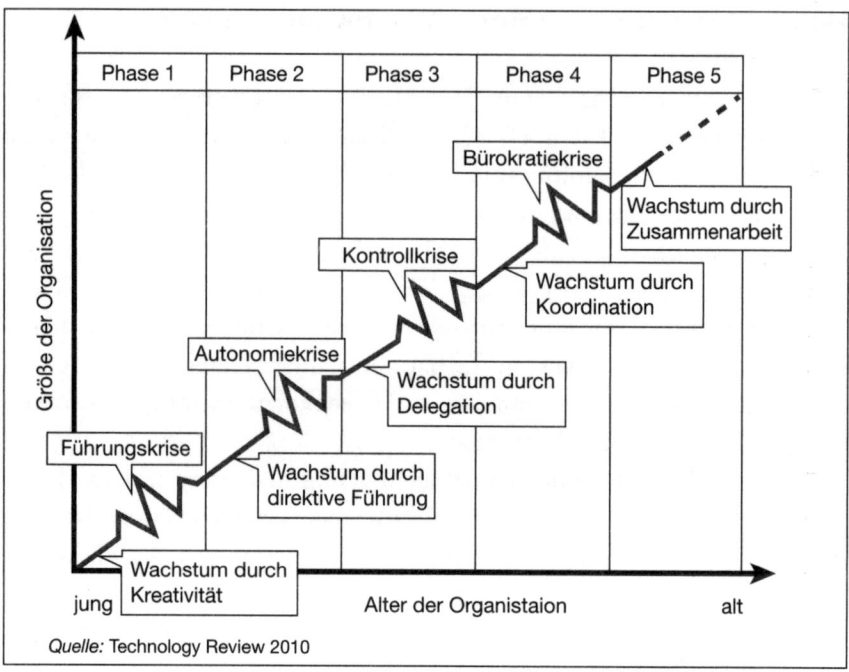

Abbildung 2: Fünf Wachstumsphasen und ihre Krisen nach Larry E. Greiner
(auch »Greiner-Kurve« genannt)

weiter –, muss etwas geschehen. Entscheidend ist: Mehrarbeit hilft nicht. Es gilt vielmehr, die alten Wege zu verlassen und anders zu agieren, was im Idealfall sogar weniger Arbeit für den Chef bedeutet. Wenn die nötigen Veränderungen an den Wendepunkten planvoll umgesetzt werden, dann gibt es keinen Grund zur Panik, denn die Krise ist das Sprungbrett für neue Erfolge. Sehen wir uns die einzelnen Phasen genauer an.

Die erste Phase: Kreativität ist alles

Wenn ein Start-up wächst, dann hat seine Geschäftsidee gezündet. Die Gründer sind oft ziemlich genial. Sie haben etwas entdeckt, das der Managementautor Clayton Christensen in seinem Buch *The Innovator's Dilemma* als »disruptive Innovation« bezeichnet: Gründer machen irgendetwas anders und besser als die Etablierten und können damit selbst große Unternehmen das Fürchten lehren. So rollte Swatch in den 1980er-Jahren mit bunten, preiswerten Plastikuhren den Markt für Chronometer auf. Zuletzt haben WhatsApp und andere Chat-Apps für Smartphones den Telekommunikationskonzernen das lange so lukrative Geschäft mit SMS-Nachrichten verdorben. Eine einzige kreative Idee füllt hier die Kasse und das Wachstum findet wie von selbst statt.

In der Start-up-Phase machen alle alles und alle wissen auch alles. Die Kommunikation ist schnell und informell. Es herrscht eine euphorische Stimmung, die über das organisatorische Chaos hinwegtäuscht und nicht nur die Gründer, sondern auch viele Mitarbeiter bis spät abends und am Wochenende arbeiten lässt. Der Unternehmer geht in seiner dreifachen Rolle als Superhirn, Mannschaftskapitän und Mädchen für alles vollständig auf. Für viele Unternehmer ist es die schönste Zeit ihres bisherigen Lebens.

Die Krise kommt, wenn Improvisation nicht mehr funktioniert und erste schwere Pannen passieren. Kunden sind sauer oder springen ab, weil Zusagen nicht eingehalten werden. Die typischerweise 10 bis 20 Mitarbeiter sind ausgelaugt von der ständigen Hektik und fühlen sich ausgebeutet. Die Stimmung droht zu kippen. Jetzt muss das Unternehmen formelle Kommunikationsstrukturen schaffen und zum Beispiel eine wöchentliche Besprechung (»Jour fixe«) einführen. Spezialisierung ist nötig – jeder erledigt seine Aufgabe und die anderen halten sich heraus. Führung und professionelles Management sind gefragt.

Die zweite Phase: Gut geführt ist halb gewonnen

Haben Sie sich schon einmal gefragt, warum Handwerksbetriebe so gut wie nie mehr als 20 bis 30 Mitarbeiter haben? Es liegt daran, dass hier der Meister und Chef die einzige echte Führungskraft ist. Wenn die Firma weiter wachsen wollte, müssten Mitarbeiter mit Führungsqualitäten ins Boot kommen, die einzelne Bereiche übernehmen und hier die volle Verantwortung für die Mitarbeiterführung bekommen. Doch nicht nur Handwerker, sondern auch andere Gründer und Chefs von Kleinbetrieben leben nach dem Motto »Ihr sollt keine anderen Götter neben mir haben«. Ab 30 bis 50 Mitarbeitern muss jedoch eine weitere Führungsebene geschaffen werden. Ein kaufmännischer Leiter, ein Technikchef oder ein

Vertriebsleiter werden gebraucht. Das will der Gründer aber oft nicht, weil er sich dann auf diesen Gebieten entmachtet fühlt.

In der zweiten Phase braucht es gute Führung. Der Chef muss Mitarbeiter finden, die in einzelnen Bereichen besser sind als er selbst. Ein genialer Designer oder Tüftler braucht jetzt zum Beispiel ein Finanzgenie und einen Vertriebsmann, der richtig Gas gibt. Der Unternehmer muss dazu erstens akzeptieren, dass es in Zukunft in seiner Firma Menschen geben wird, die Dinge besser können als er selbst. Und zweitens muss er einsehen, dass solche Leute richtig Geld kosten. A-Mitarbeiter auf Führungspositionen sind ihr Geld allerdings auch wert. Sie machen Tempo und sorgen für weiteres Wachstum. Dieses Wachstum hat wiederum eine zunehmende Komplexität des Unternehmens zur Folge. Das Management muss darauf Antworten finden.

Die dritte und vierte Phase: Controlling, Delegation und Koordination

Die ersten beiden Phasen sind die kritischsten für Unternehmensgründer. Hier entscheidet sich, ob sich ein Unternehmen überhaupt auf Dauer am Markt etablieren kann. In den beiden folgenden Phasen geht es darum, die wachsende Komplexität eines bereits erfolgreichen Unternehmens in den Griff zu bekommen. Strukturen, Prozesse und Instrumente müssen her, die es erlauben, die immer größer werdende Organisation auf Kurs zu halten und weiteres Wachstum zu fördern. Das Schlagwort lautet: Professionalisierung. Die Firma muss jetzt bis in den letzten Winkel ausgezeichnet gemanagt und auf der Höhe der Zeit sein, wenn sie in der Erfolgsspur bleiben will.

Ein professionelles Controlling spielt hier eine Schlüsselrolle. Es müssen nicht nur sämtliche Kalkulationen überarbeitet werden, auch sonst ändert sich sehr viel. Bonussysteme zum Beispiel ersetzen Anteile am Gewinn. Zahlen müssen laufend visualisiert werden, um beispielsweise drohende Lieferengpässe rechtzeitig vorhersehen und verhindern zu können. Führungsaufgaben delegiert das Unternehmen jetzt konsequent und schafft dadurch autonome Teilbereiche. Diese müssen aber gleichzeitig koordiniert werden und sich untereinander neu abstimmen. Sonst weiß irgendwann eine Hand nicht mehr, was die andere tut. Die vierte und letzte Krise, die ein hoch professionelles und komplett durchstrukturiertes Unternehmen ereilt, ist deshalb folgerichtig die Bürokratiekrise.

Die fünfte und letzte Phase: Frischer Wind, Vernetzung und Kooperation

Als Google sein rasantes Wachstum bewältigen musste, suchten die beiden Gründer Larry Page und Sergey Brin nach einem Manager, der auf dem Weg vom Start-up zum Konzern die richtigen Strukturen schaffen und bei aller Innovationsgeschwindigkeit für verlässliche Qualität sorgen konnte. Sie fanden ihn in Eric Schmidt, dem Ex-CEO von Novell. Schmidt stand dann zehn Jahre an der Spitze von Google und formte aus dem Suchmaschinenbetreiber einen Konzern, der heute neben Apple, Facebook und Amazon zu den »Big Four« der zweiten Welle der Informationswirtschaft gezählt wird. Doch um das Jahr 2010 kriselte es bei Google. Mitarbeiter empfanden das Unternehmen als bürokratisch und behäbig und vermissten die Innovationkraft der frühen Jahre. Google zog die Konsequenzen, schickte Schmidt im April 2011 in den Verwaltungsrat und wird seitdem wieder von den Gründern geführt.

Die Entwicklung bei Google ist typisch für ein Unternehmen in seiner letzten Phase. Alles ist hoch professionell organisiert, aber jetzt droht Bürokratie die ursprüngliche Kreativität vollkommen zu ersticken. Christensens »Innovator's Dilemma« ereilt das Unternehmen, wenn jetzt andere mit einer »disruptiven Innovation« den Markt aufrollen, zu der das in Bürokratie erstarrte Unternehmen nicht mehr fähig ist. Die Lösung: Der Gründergeist muss zurückkehren. Das Unternehmen muss sich öffnen, kleine Einheiten und Task Forces bilden und Experimente ermöglichen. Die Unternehmer müssen nach draußen gehen, um neue Kooperationen zu schließen. Am Schluss steht ein Netzwerkunternehmen, das durch Partnerschaften und Zukäufe weiter wächst. Die Unternehmer wissen, dass sie nicht mehr alles kontrollieren können, und setzen auf kleine, autonome Einheiten und Selbststeuerungseffekte. Zusammenarbeit auf allen Ebenen, das heißt zwischen einzelnen Mitarbeitern, verschiedenen Business Units sowie externen Partnern, ist jetzt der Schlüssel für weiteres Wachstum. *Einen Artikel zum Phasenmodell von Greiner finden Sie unter www.die-chef-falle.de.*

Du warst gestern erfolgreich? Vergiss es!

Ich sitze mit Hans Dampf im Auto, er telefoniert und telefoniert und ich frage mich: Wie konnte der Mann es überhaupt so weit bringen? Er verhält sich, als stecke er immer noch in der ersten Phase nach dem Modell von Larry Greiner. Er mischt sich überall ein und bestimmt alles selbst. Trotzdem gehören ihm nahezu 100 Firmen. Ist er nicht der lebendige Gegenbeweis für die Greiner-Kurve? Nein, denn sein Erfolg ist eine Blase, die jederzeit platzen kann. Das Wohl und Wehe aller seiner Firmen mitsamt ihren Mitarbeitern hängt am seidenen Faden dieser einzelnen Person. Seine entmündigten Mitarbeiter haben nie gelernt, eigenverantwortlich zu handeln. Würde er sich heute zurückziehen, geriete alles ins Taumeln. In dem Wachstumsmodell von Greiner geht es aber nicht um eine Blase, die nur mit extremem Energieaufwand erhalten werden kann, sondern um tragfähiges, dauerhaftes Wachstum.

Wer als Unternehmer dieses Wachstum will, muss bereit sein, sich persönlich weiterzuentwickeln und sein Verhalten immer wieder zu verändern. Um das Unternehmerparadoxon zu überwinden, genügt es deshalb nicht, die organisationale Entwicklung eines Unternehmens zu betrachten, wie ich es im vorherigen Abschnitt anhand des Greiner-Modells getan habe. Ebenso wichtig ist die persönliche Entwicklung des Unternehmers. Er muss im Laufe seines Lebens unterschiedliche Fähigkeiten erlernen – und anschließend wieder *ver*-lernen! Auch dazu gibt es ein hilfreiches Modell. Es stammt von Ram Charan, dem ehemaligen Professor und heutigen Topberater, den ich im ersten Kapitel bereits erwähnt habe. Seine »Leadership Pipeline« baut auf das ältere »Crossroads-Modell« von Walter Mahler auf.

Vom Selbstmanagement zum Management von Mitarbeitern

Unter »Pipeline« verstehen wir normalerweise eine Öl- oder Gasleitung über eine lange Distanz. Im Englischen kann »Pipeline« aber auch bildhaft für Nachschub oder Potenzial stehen. Das Modell der »Leadership Pipeline« hat Ram Charan ursprünglich für Konzernmanager entwickelt. Er beschreibt damit den langen Weg, den eine Führungskraft vom Teamleiter bis zum Chef eines internationalen Multis zurücklegen kann. Wer einen solchen Aufstieg schaffen will, der muss insgesamt sechs Übergänge bewältigen und dabei jeweils sein Verhalten als Führungskraft grundlegend ändern. Ram Charan sagt selbst, dass sich sein Modell in etwas vereinfachter Form auch auf mittelständische Unternehmer übertragen lässt. Dabei kommt es dann vor allem auf die ersten vier der sechs Übergänge an.

Sich selbst führen

Jeder Unternehmer gründet seinen Erfolg zunächst auf Selbstmanagement. Disziplin, ein starker Wille, strukturiertes Arbeiten und effektive Kommunikation sind nötig, damit eine Gründung überhaupt Erfolg haben kann. Sobald Mitarbeiter ins Spiel kommen, besteht der erste Lernschritt darin, nicht mehr sich selbst, sondern andere zu managen. Mit der Fähigkeit, andere zu führen, wird der Gründer erst zum Unternehmer. Das Problem: Niemand gibt die Arbeit, die er liebt und beson-

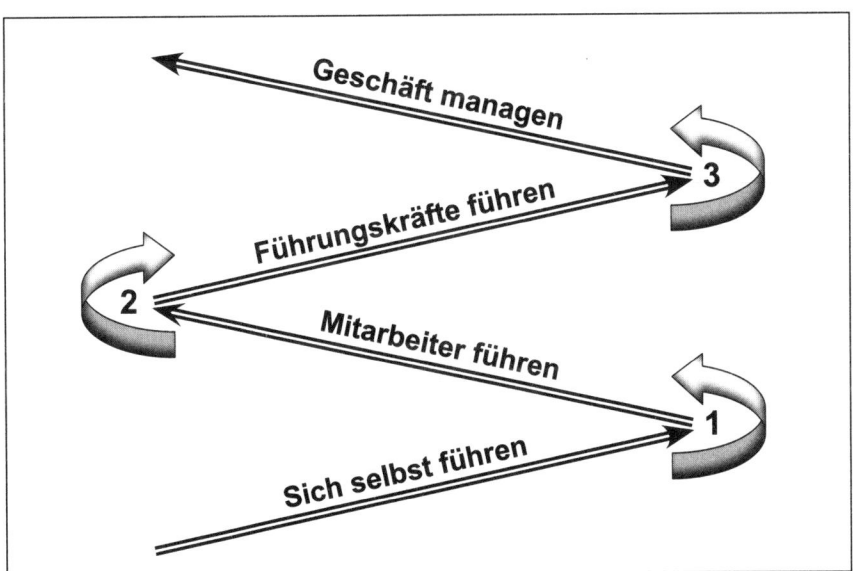

Abbildung 3: Leadership Pipeline für mittelständische Unternehmer

ders gut macht, gerne an andere ab. Der Gründer wird immer denken: Die anderen machen das nicht so gut wie ich. Lasst es mich machen. Nur so wird es perfekt.

Mitarbeiter führen

Das ist die vielleicht größte Hürde auf dem Weg vom Gründer zum Chef: Loslassen können, was man bisher am liebsten gemacht hat. Und dann: anderen etwas zutrauen. Geduld haben, auch wenn es die anderen am Anfang schlechter machen als man selbst. Ram Charan sagt: Wer das nicht schafft, der mag sich zwar Chef oder Führungskraft nennen, bleibt aber letztlich Mitarbeiter. Der beste Vorarbeiter und größte Spezialist der Firma vielleicht, aber doch nur Mitarbeiter. Erst wer die meiste Zeit damit verbringt, zu planen, für jeden Job den richtigen Mann oder die richtige Frau zu suchen, Aufgaben zu verteilen, Feedback zu geben und zu motivieren, ist ein richtiger Chef. Unternehmer müssen ihr altes Zeitmanagement an dieser Stelle verlernen und sich neu organisieren. Sie können nicht ständig Aufgaben bearbeiten und Feuerwehr sein, sondern müssen dafür sorgen, dass die Mitarbeiter ihre Aufgaben erledigen.

Führungskräfte führen

Hat es ein Unternehmer geschafft, Mitarbeiter zu führen, dann muss er im nächsten Schritt lernen, Manager zu führen. In der zweiten Wachstumsphase nach dem Greiner-Modell kommen andere Führungskräfte an Bord. Wiederum muss der Chef loslassen können, denn wenn er wirklich Topleute ins Haus holt, wird er nicht mehr auf allen Gebieten der Klügste und Beste sein. Er muss lernen, anderen zuzuhören und ihren Rat anzunehmen, statt selbst ständig zu reden und Anweisungen zu geben. Ab diesem Schritt leistet der Unternehmer überhaupt keine direkten Beiträge mehr im operativen Geschäft. Seine Aufgabe ist ausschließlich die »Führung der Führung«. Es wird jetzt zum Beispiel immer wichtiger, die

Mission und das Wertesystem der Firma zu verkörpern und den anderen Führungskräften zu vermitteln.

Das Geschäft managen und das große Ganze sehen

Wächst das Unternehmen nun noch weiter, so muss der Unternehmer zu einem Topmanager und echten CEO reifen. Chefs von großen Unternehmen sind weit weg von dem, was ein einzelner Mitarbeiter an seinem Arbeitsplatz tut. Nicht einmal mehr das, was andere Manager und Bereichsverantwortliche ihrer Firma entscheiden, können sie fachlich zu 100 Prozent nachvollziehen. Soll zum Beispiel eine neue Datenbank von SAP oder von Oracle gekauft werden? Da müssen die meisten Chefs größerer Unternehmen auf den Rat ihres IT-Verantwortlichen hören, weil ihnen selbst die Detailkenntnisse fehlen, um diese Frage zu beantworten.

Der Chef muss jetzt zur Führungskraft werden und in abstrakten und systemischen Zusammenhängen denken. Als Verantwortlicher für das gesamte Business muss er das große Ganze sehen und die Details anderen überlassen. Einfache Mitarbeiter erreicht er jetzt nicht mehr direkt, sondern über Ansprachen auf Betriebsversammlungen oder via Rundmail. Die Medien wollen in Pressekonferenzen und Interviews informiert werden. Hierbei kann schon eine einzelne verbale Entgleisung dem Unternehmen massiv schaden.

Leader oder Mörder – was möchten Sie sein?

Ein mittelständischer Unternehmer ahnte, dass in seiner Firma etwas nicht stimmte. Die Mitarbeiter schienen ihm nur noch so wenig zu vertrauen, dass es ihm bei Betriebsversammlungen vorkam, als spräche er gegen eine Wand. Da hatte er eine Idee, wer ihm Feedback geben könnte. Sein Sohn studierte nämlich Psychologie. »Gib deinem Vater zwei oder drei Tage«, sagte der Unternehmer zu seinem Sohn. »Versuche, hier im Betrieb einfach mal mit zu leben und rauszufinden, was falsch läuft.« Der Sohn kam und nach wenigen Stunden hatte er sich sein Urteil bereits gebildet. Er ging zu seinem Vater und sagte: »Was hier falsch läuft, ist relativ einfach zu erkennen. Du musst wissen: Wenn du deinen Leuten 20 Meter voraus bist, dann bist du ein Leader. Wenn du ihnen aber 20 Kilometer voraus bist, dann bist du ein Mörder.«

Dann gab der Psychologiestudent seinem Vater zwei praktische Ratschläge: Erstens sollte er nicht immer nur an seine Kunden, sondern auch an seine Mitarbeiter denken. Wann zum Beispiel hätte er zuletzt einen Mitarbeiter öffentlich gelobt? Wie viel Zeit hätten die Mitarbeiter, um seine ständig sprudelnden Ideen auch wirklich umzusetzen? Zweitens sollte er sich einmal mit seinen Führungskräften zusammensetzen und mit ihnen über die Zukunft nachdenken. Welche Ziele wolle man denn überhaupt gemeinsam erreichen? Anscheinend drehe sich hier alles immer nur um das Tagesgeschäft.

Jetzt ahne ich schon, wie einige meiner Leser denken: Das sind doch ziemlich banale Ratschläge! Regelmäßige Strategietage mit dem Führungskreis – welcher Unternehmer macht das nicht? Nun, die Realität sieht leider oft anders aus. Neulich hatte ich zum Beispiel mit einem Pharmaunternehmer aus einer süddeutschen Großstadt zu tun. Nachdem ich mir einen Eindruck von seiner Firma gemacht hatte, riet ich ihm, er solle unbedingt seine Mitarbeiter mehr einbeziehen. Der Unternehmer sah mich fragend an und wollte wissen, was ich damit meine. »Na, du schnappst dir deine fünf wichtigsten Jungs«, erklärte ich, »und ihr fahrt für einen Samstag in ein schönes Hotel, setzt euch zusammen und überlegt, wo ihr als Team hinwollt. Welches sind eure Ziele?« Da schaute mich der Unternehmer noch ungläubiger an. »Quatsch!«, fuhr es schließlich aus ihm heraus. »Über Ziele denke ich doch jeden Morgen in der U-Bahn nach.«

Es ist traurig, aber so war es tatsächlich: Der Chef ging in sich, überlegte sich die Unternehmensziele und machte dann Befehle daraus. Da seine Firma aber mittlerweile mehr als 250 Mitarbeiter hatte, wurde das zunehmend schwierig. Nach der »Pipeline« von Ram Charan hätte er längst anfangen müssen, seine Führungskräfte zu führen und das große Ganze zu sehen. Stattdessen betrieb er weiter Mikromanagement.

Nicht im, sondern am Unternehmen arbeiten

Der Unternehmercoach Stefan Merath bringt das, was das Unternehmer-paradoxon überwinden hilft, in seinem Buch *Der Weg zum erfolgreichen Unternehmer* auf eine einfache Formel: Auf dem Weg vom Gründer zum Unternehmer müssen Chefs lernen, nicht mehr allein *im* Unternehmen, sondern vor allem *am* Unternehmen zu arbeiten. Stefan Merath beschreibt den Rollenwechsel für Chefs anhand der »FMU«-Formel: Jeder Existenz-gründer ist in seiner Firma dreierlei: F wie Fachkraft, M wie Manager und U wie Unternehmer.

Fachkräfte erledigen Aufgaben im operativen Geschäft. Ein Chef, der überall mit anfasst, ist in diesen Momenten auch nur eine bessere Fach-kraft. Der Manager arbeitet *im* Unternehmen und sorgt beispielsweise dafür, dass Aufträge reinkommen, Liquidität vorhanden ist oder neue Mitarbeiter eingestellt werden. Der Unternehmer schließlich arbeitet *am* Unternehmen. Er steht am Fenster und denkt über die Zukunft nach, spricht mit seinen Führungskräften über Ziele oder besucht andere Unter-nehmen auf der ganzen Welt, um von den besten zu lernen.

Wie viel Fachkraft, Manager bzw. Unternehmer sind Sie?

Wenn Sie Unternehmer sind und wissen wollen, wo Sie in Ihrer Entwicklung stehen, dann empfehle ich Ihnen eine einfache Selbsteinschätzung. Denken Sie kurz über Ihren Alltag nach und schätzen Sie dann: Zu jeweils wie viel Prozent sind Sie Fachkraft (F), Manager (M) beziehungsweise Unternehmer (U)?

F _____ %
M _____ %
U _____ %

Je größer Ihr Unternehmen, desto mehr »U« sollten Sie sein. Beim Hand-werksbetrieb sind 90 Prozent kaum drin, aber beim Großunternehmen sollten es fast 100 Prozent sein.

Wie können es Unternehmer schaffen, von der besseren Fachkraft und vom Manager zum »echten« Unternehmer zu werden? Dafür gibt es kein Patentrezept, weil jedes Unternehmen anders ist. Feedback von außen und

Coaching sollten aber in jedem Fall dazugehören. Ein erfahrener Berater, der die in diesem Kapitel beschriebenen Entwicklungsschritte schon bei vielen anderen Unternehmen erlebt hat, kann beim Loslassen der alten Strukturen und beim Verstehen der neuen helfen. Es gibt auch ausgezeichnete Seminare für Unternehmer, für die es sich lohnt, die Firma für ein oder zwei Tage zu verlassen.

Jeder Unternehmer sollte auch mindestens ein Buch pro Monat lesen, da Lösungsansätze für fast alle Probleme, die überhaupt auftauchen können, in der Führungs- und Managementliteratur schon einmal beschrieben worden sind. Wer einmal gar keine Zeit für Bücher hat, findet bei GetAbstract im Web oder auf dem iPad prägnante Zusammenfassungen Tausender Business-Bücher. Networking und kollegialer Austausch sind schließlich ein echter Turbo für den Entwicklungsweg eines Unternehmers. Ich selbst leite zwei sogenannte Sprinter-Clubs. In einem Sprinter-Club sind Unternehmer unter sich und treffen sich einmal im Quartal in der Firma eines Mitglieds, um ihre persönlichen und geschäftlichen Herausforderungen in einem vertrauten Kreis zu diskutieren.

Höchste Zeit für Veränderungen

Ich könnte noch viele weitere Geschichten von Unternehmern erzählen, die vom Unternehmerparadoxon betroffen sind. Bei manchen ist es bis jetzt immer noch gut gegangen, obwohl sie schon etliche Mitarbeiter schier in den Wahnsinn getrieben haben. Doch unsere Gesellschaft verändert sich. Viel Zeit für die nötigen Veränderungen ist nicht mehr, denn es herrscht Fachkräftemangel und die hochbegabten Nachwuchskräfte können sich ihren Arbeitgeber zunehmend aussuchen. Despoten, die ihre Mitarbeiter mit kopflosem Mikromanagement zermürben, haben in Zukunft schlicht und ergreifend keine Chance mehr, an top-qualifizierten Nachwuchs zu kommen. Ein hohes Gehalt zu bieten, genügt nämlich längst nicht mehr.

Das bestätigt auch die Demoskopie. Emnid hat 2012 ermittelt, dass für 58 Prozent der Beschäftigten die Zufriedenheit im Job das Wichtigste ist. Diese Zufriedenheit hängt wiederum wesentlich vom Arbeitsklima und der Möglichkeit selbstverantwortlichen Arbeitens ab. Geld spielt auch noch eine Rolle, kommt aber erst nach den genannten Kriterien. Fazit: Wer in

Deutschland ein Hochleistungsteam haben will, der braucht Menschen, die eine ganz hohe Zufriedenheit im Job empfinden. Spätestens jetzt wird klar, warum Chefs, die nicht einmal »Guten Morgen« sagen und überall ihre Finger drin haben, in Zukunft keine A-Mitarbeiter mehr bekommen werden.

Wo Chefs nicht informieren und kommunizieren, ja nicht einmal eine jährliche Betriebsversammlung durchführen und in manchen Fällen auch keine Weihnachtsfeier veranstalten, da fangen die Mitarbeiter an zu leiden. Oft ist es noch krasser: Bevor die Lohnverhandlungen anfangen, heißt es, es seien keine Aufträge da. Sind die Lohnverhandlungen dann einmal durch, sind plötzlich Überstunden ohne Ende zu leisten. Aber Vorsicht: Die gut ausgebildete junge Generation spielt solche Spiele nicht mehr mit und geht im Zweifel lieber ins Ausland, als sich in der Heimat über unfähige Chefs zu ärgern.

Kein Wunder, dass Martin Wehrle einen »Führerschein für Chefs« gefordert hat. In einem offenen Brief an den Bundeswirtschaftsminister schreibt der Karrierecoach und Buchautor:

Sehr geehrter Herr Minister,
bitte erlauben Sie mir, Sie auf ein Katastrophengebiet aufmerksam zu machen, das vor unserer Haustür liegt: die deutschen Führungsetagen. Immer mehr Mitarbeiter werden dilettantisch oder unmenschlich geführt. In sieben von zehn Mobbing-Fällen ist ein Vorgesetzter involviert. Und die Zahl der Ausfalltage aufgrund psychischer Erkrankungen hat sich in den letzten 20 Jahren verdoppelt. Ein Instrument könnte diesen Wahnsinn stoppen: der Führerschein für Führungskräfte. Wer in Deutschland ein Auto führen will, dem schreibt der Staat einen Führerschein vor – damit er niemanden gefährdet … Warum lässt der Staat es zu, dass jemand, der 100 Mitarbeiter führen will, nur 100 Mitarbeiter braucht, aber keinen Qualifikationsnachweis? Warum darf eine Führungskraft Totalschäden unter ihren Mitarbeitern anrichten, ohne dass ihr die Führungsberechtigung entzogen wird? …

Der »Führerschein für Führungskräfte« wird mit Sicherheit so schnell nicht kommen. Vielleicht konnte ich in diesem Kapitel aber zeigen, wie sich das Unternehmerparadoxon auch ohne staatlichen Zwang überwinden lässt. Es gibt ja auch noch die Möglichkeit, auf die bessere Einsicht und die Lernfähigkeit von Unternehmern und Führungskräften zu setzen. *Wenn Sie als Führungskraft besser werden wollen, finden Sie unter www. die-chef-falle.de Informationen über unsere Ausbildung zum Certified Management Professional (CMP).* Die richtige Weiterbildung ist vielleicht sogar noch besser als ein »Führerschein für Führungskräfte«.

Es ist ja auch nicht so, dass alles überall nur schlechter würde. Gerade in jüngerer Zeit haben einige große Unternehmen die Wende zum Besseren geschafft: SAP ist mit der Doppelspitze aus Bill McDermott und Jim Hageman Snabe wieder auf Kurs. Paul Lerbinger saniert die HSH Nordbank mit Fingerspitzengefühl und zahlt die Milliarden aus dem Rettungsfonds SoFFin konsequent zurück. Bahnchef Rüdiger Grube ließ Mitarbeiter an der Basis zu Wort kommen und stellte Servicemängel ab. Glücklicherweise treffe ich auch ständig mittelständische Unternehmer, die hart an sich und ihrem Unternehmen arbeiten und sich persönlich weiterentwickeln. Darüber freue ich mich jedes Mal, denn ihnen gehört die Zukunft.

Kapitel 3

Plötzlich nicht mehr da
Mitarbeiter verlassen nicht das Unternehmen, sondern ihren Vorgesetzten

Als geschäftsführender Gesellschafter meiner Firmen bin ich für die jeweiligen Mitarbeiter der Chef. Doch ich habe auch selbst viele Chefs, denn neben meiner Tätigkeit als Unternehmer mache ich noch etliche ehrenamtliche Jobs. Dabei sammle ich meine ganz persönlichen Cheferfahrungen aus der Perspektive des einfachen Mitarbeiters. Zum Beispiel diese: Eines Tages ging ich zu einem meiner Chefs. Er ist immerhin Abteilungsleiter in einem Betrieb mit knapp 223 000 Mitarbeitern. Hinzu kommen über 1,1 Millionen ehrenamtlich Tätige, ohne deren Mithilfe dieser Betrieb wahrscheinlich bald schließen müsste. Ich meine die evangelische Kirche in Deutschland und meinen örtlichen Chef, den Pfarrer. Ich wollte ein guter Mitarbeiter sein und fragte ihn, wo ich mich einbringen könnte. Da bekam ich die misslaunige Antwort: »Sie halten sich am besten ganz raus.«

Sofort aufgeben wollte ich jetzt nicht. Deshalb machte ich ein konkretes Angebot: Vor der Kirche liegt immer Laub und Abfall. Der Platz sieht einfach unschön aus, und keiner kümmert sich darum. Ich bot an, diesen Platz jeden Samstag zu reinigen, damit die Kirche für den Sonntagsgottesdienst einladend wirkt. Daraufhin sagte der Pfarrer: »Ich weiß, was Sie wollen. Sie wollen dem Küster den Arbeitsplatz wegnehmen.« Und damit war mein Vorschlag abgebügelt. Ich machte noch einen dritten Anlauf und sagte, dass ich in keiner Kirchengemeinde sein will, wo man nicht mitarbeiten kann. Irgendeine Möglichkeit mitzumachen, müsste es doch wohl geben. Da wurde mein Chef sarkastisch: »Es gibt auch anderswo billige Bauplätze.«

Wenn dieses Erlebnis eine Ausnahme wäre, würde ich nicht darüber schreiben. Meine Meinungsverschiedenheiten mit einzelnen Personen sind für Sie als Leser uninteressant. Ich habe jedoch mit vielen anderen christlichen Unternehmern gesprochen und ungefähr jeder zweite hat ähnliche Erfahrungen gemacht. »Unser Geld ist sehr erwünscht«, heißt es dann zum Beispiel, »aber in der Kirche mitdenken und mitarbeiten gilt als störend.« Als Christen erleben viele Chefs also selbst, wie es ist, wenn der Vorgesetzte an engagierter Mitarbeit kein Interesse hat. Es ist total frustrierend. Nach dem Erlebnis mit meinem Pfarrer habe ich mich gefragt: Warum kehren so viele Menschen den Kirchen den Rücken? Liegt es an der Botschaft von Jesus – oder liegt es an seinen Führungskräften hier auf der Erde? Ich bin davon überzeugt, dass es am Verhalten der Führungskräfte liegt.

In diesem Kapitel lesen Sie, warum es nicht nur in der Kirche, sondern in den meisten Organisationen die Chefs sind, die Mitarbeiter vertreiben. Immer wieder höre ich von Angestellten, die gekündigt haben, dass ihre Aufgabe ihnen eigentlich Freude gemacht hat. Aber ihre Chefs waren unerträglich. Von wenigen Ausnahmen abgesehen gilt: Mitarbeiter verlassen nicht das Unternehmen, sondern ihren Vorgesetzten. Wer wechselt schon den Job, weil ihn die Qualität der hergestellten Produkte nicht mehr überzeugt, er an die Mission des Unternehmens nicht mehr glaubt oder ihn plötzlich ethische Bedenken überkommen? Das sind verschwindend wenige. Die allermeisten A-Mitarbeiter, die sich anderswo nach einem Job umsehen, sind frustriert über Missstände, die ihre Vorgesetzten abstellen könnten – wenn sie wollten.

Warum Mitarbeiter wirklich kündigen – und was sie hält

Bei der Arbeit an dem Buch *Die besten Mitarbeiter finden und halten*, das ich gemeinsam mit Jürgen Kurz geschrieben habe, bin ich zum ersten Mal auf Leigh Branham aufmerksam geworden. Der Chef der amerikanischen Personalberatung *Keeping the People* ist Experte für Mitarbeiterbindung und hat ein Buch über »Die sieben verborgenen Gründe, warum Mitarbeiter kündigen« geschrieben (siehe Kasten). Als Jürgen Kurz und ich die Liste dieser sieben Gründe zum ersten Mal sahen, waren wir erschrocken. Denn sämtliche Gründe hatten mit uns als Vorgesetzte zu tun: Ob nun ein Mitarbeiter den falschen Job macht, er zu wenig Feedback bekommt, es ihm an Anerkennung fehlt, er keine Aufstiegschancen sieht oder gar das Vertrauen zu seinem Vorgesetzten verloren hat – immer könnten wir als Chefs eine Kündigung verhindern.

Die sieben verborgenen Gründe, warum Mitarbeiter kündigen
Der amerikanische Personalberater Leigh Branham nennt in seinem Buch *Die sieben verborgenen Gründe, warum Mitarbeiter kündigen: Wie Sie die feinen Signale erkennen und handeln, bevor es zu spät ist* (The 7 Hidden Reasons Employees Leave: How to Recognize the Subtle Signs and Act Before It's Too Late) die folgenden sieben häufigsten Kündigungsgründe. Er stützt sich dabei auf unabhängige Befragungen von über 20 000 Angestellten, die gekündigt haben.

1. Der Arbeitsplatz entspricht nicht den Erwartungen.
2. Arbeitsplatz und Mitarbeiter passen nicht zusammen.
3. Die Betreuung ist ungenügend, es gibt zu wenig Feedback.
4. Die Wachstums-/Aufstiegsmöglichkeiten sind zu schlecht.
5. Die Leistung wird unterbewertet, es mangelt an Anerkennung.
6. Die Balance zwischen Arbeits- und Privatleben fehlt.
7. Das Vertrauen in die Vorgesetzten ist verloren gegangen.

Leigh Branham hat Daten aus rund 20 000 Mitarbeiterbefragungen analysiert, die vom Saratoga Institute, einer auf Human-Capital-Management spezialisierten Institution aus dem Silicon Valley, durchgeführt wurden. Diese anonymen Befragungen zielten auf die wahren Kündigungsgründe qualifizierter Mitarbeiter – unabhängig von den Gründen, die dem Arbeitgeber im Kündigungsgespräch präsentiert wurden. Branham fand heraus, dass es in allen Branchen und Unternehmen dieselben »Auslöser-Ereignisse« für Mitarbeiterkündigungen gibt. Es ist immer mindestens einer der sieben »verborgenen« Gründe, der einen Mitarbeiter kapitulieren lässt. Das Schlimme für die Chefs: Mitarbeiter behalten ihre wahren Kündigungsgründe in der Regel für sich.

»Die meisten Mitarbeiter haben Scheu, mit dem Management offen über derartige Punkte (gemeint sind die sieben verborgenen Gründe) zu sprechen«, schreibt Leigh Branham. Vorgesetzte müssen deshalb lernen, die leisen Alarmsignale zu deuten, die darauf hinweisen, dass ein Mitarbeiter unzufrieden ist. Doch wie soll das in der Praxis aussehen? Die wenigsten Chefs sind schließlich Hellseher. Leigh Branham wurde von der Zeitschrift *Harvard Business Review* gebeten, zu einem konkreten Fall Stellung zu nehmen. Bei einem erfolgreichen Architekturbüro in Chicago kündigten die besten Leute und gingen ausgerechnet zum schärfsten Konkurrenten. Was kann eine solche mittelständische, von der Erbin des Gründers geführte Firma tun, um ihre Mitarbeiter zu halten?

Der Personalexperte Branham empfiehlt, »ein Forum (zu) schaffen, in dem die Mitarbeiter offen und ohne Angst vor negativen Folgen über ihre Unzufriedenheit sprechen können«. Für manche Unternehmen ist so etwas ein Riesenschritt, der einem Kulturwandel gleichkommt. Bei anderen, auch großen und erfolgreichen Unternehmen, sind solche Foren bereits eine Selbstverständlichkeit. General Electric zum Beispiel, einer der größten Mischkonzerne der Welt, hat regelmäßige »Workout-Sessions« eingeführt. Was klingt wie ein Besuch im Fitnessstudio, sind in Wirklichkeit offene Gruppendiskussionen zwischen Mitarbeitern und Vorgesetzten. Hier erfahren Chefs, was ihre Mitarbeiter tatsächlich bewegt. So können sie auf Unzufriedenheit reagieren, bevor es zu spät ist. *Einen Link zu der kompletten Fallstudie aus dem Harvard Business Review finden Sie unter www.die-chef-falle.de.*

Das gelang mit Unterstützung unserer Berater vor einiger Zeit auch bei einem Büro für Industriedesign, dem die Mitarbeiter trotz guter Geschäftslage davonliefen. Der Chef ist der Typ des introvertierten Ingenieurs. Er ist ein Tüftler, der von Natur aus wenig kommunikativ ist und sich am liebsten nur mit Entwürfen beschäftigt. In einer offenen Gruppendiskussion lernte er zum ersten Mal, jedem einzelnen Mitarbeiter zuzuhören und ihn ausreden zu lassen. Er akzeptierte zahlreiche Kritikpunkte und handelte entsprechend. So hob er die bisher unterdurchschnittlichen Gehälter auf Marktniveau an oder versetzte einen wenig überzeugend auftretenden Außendienstmitarbeiter in den Vertriebsinnendienst. Nach fünf Monaten gelang der Turnaround, die Kündigungswelle war gestoppt.

Unternehmen, in denen offene und ehrliche Kommunikation noch unterentwickelt ist, lassen sich am besten von externen Beratern helfen. Es erleichtert den Kulturwandel, wenn die Mitarbeiter zunächst von vertrauenswürdigen Externen befragt werden und die Berater die Ergebnisse dem Management vermitteln. Schritt für Schritt kann dann der direkte Dialog zwischen Vorgesetzten und Mitarbeitern aufgebaut werden. In Gruppendiskussionen ist am Anfang ein Moderator nützlich, der die Spielregeln der offenen Diskussion vermittelt und überwacht. Sollten einzelne Mitarbeiter später immer noch gehen, helfen Ausstiegsgespräche den Vorgesetzten, aus der Situation zu lernen und es bei den verbliebenen Mitarbeitern besser zu machen.

Jeder Chef hat die Mitarbeiter, die er verdient

Mit Seminaren sind mein Team und ich in den vergangenen Jahren im ganzen deutschsprachigen Raum unterwegs gewesen. Da ist es praktisch, immer wieder in dieselben Hotels zu gehen, weil wir uns dann nach einigen Besuchen schon auskennen und alles einfacher ist. In Berlin haben wir uns für ein Hotel entschieden, das verkehrsgünstig zwischen dem Flughafen Tegel und der Stadtautobahn liegt. An einem Frühjahrsmorgen stehen wir also wieder an der Rezeption. Die Dame dort fragt forsch und knapp: »Einchecken?« – »Nein«, sage ich, »wir sind von der Firma tempus und machen hier ein Seminar.« – »Also einchecken?«, wiederholt sie, jetzt schon etwas unwirsch. – »Nein, wir sind von der Firma t-e-m-p-u-s ...«

Die Dame geht wortlos zu ihrem männlichen Kollegen. Dieser schreibt etwas auf einen Zettel, reicht uns einen Schlüssel und schickt uns auf die Suche nach dem Seminarraum. Als wir den Raum endlich gefunden haben, erwartet uns dort ein Deutschtürke im Outfit der Hotelkette und strahlt uns mit einem breiten Lächeln an. »Guten Morgen«, sagt er. »Ich hoffe, Sie hatten eine gute Anreise. Hier sind Kaffee und Tee. Ich hole Ihnen aber auch gerne einen Cappuccino oder einen Latte Macchiato.« Als wir dankend ablehnen, bleibt er im Raum und hilft uns, alles herzurichten und vorzubereiten. Im Lauf des Tages hat der hilfsbereite Mitarbeiter sich dann immer wieder erkundigt, ob alles in Ordnung ist und ob er irgendwie behilflich sein kann.

Unseren Seminarteilnehmern fiel das freundliche Verhalten des Deutschtürken ebenso auf wie die Unhöflichkeit an der Rezeption. Eine Teilnehmerin wollte von dem Mitarbeiter wissen, wie er es schaffe, in einem Hotel mit einem so schlechten Betriebsklima eine so positive Haltung zu haben. Da antwortete er: »Wissen Sie, es gibt drei Sorten Menschen. Die einen arbeiten für Geld, die anderen, um die Zeit totzuschlagen. Ich gehören zu den Menschen, die arbeiten, weil es ihnen Spaß macht.« Dabei lächelte er, verbeugte sich leicht und legte die rechte Hand auf sein Herz. Später fragte ein Teilnehmer, der Unternehmer in der Region war, ob der Deutschtürke nicht für ihn arbeiten wolle. Dieser lächelte und verriet, dass er praktisch jede Woche von Gästen Jobangebote erhalte.

Neulich war ich wieder im besagten Hotel und der freundliche Mann hat auch diesmal unseren Tag gerettet. Aber wie lange wird das noch gut gehen? Eines habe ich in vielen Jahren Erfahrung mit dem Personalmanagement kleiner, mittlerer und großer Unternehmen gelernt: Ein guter Mitarbeiter hat einen guten Chef. Ich vermute, dass der Front Desk Manager in dem Hotel mit der Dame an der Rezeption genauso umgeht, wie sie dann die Gäste behandelt. Der Deutschtürke hingegen bekommt von dem Bankettleiter wahrscheinlich mehr Feedback und Unterstützung. Falls nicht, ist es nur eine Frage der Zeit, bis er auf eines der Jobangebote eingeht, die er von den Gästen erhält. Denn jeder Chef hat die Mitarbeiter, die er verdient.

Der Managementautor Reinhard K. Sprenger hat schon vor etlichen Jahren in seinem Buch *Mythos Motivation* behauptet, Vorgesetzte könnten Mitarbeiter nicht motivieren, sondern nur aufhören, sie zu demotivieren.

Ich habe Sprenger und sein Buch lange kritisch gesehen, muss ihm aber nach meinen Erfahrungen der letzten Jahre heute auch in vielen Punkten Recht geben. Es stimmt, dass der direkte Vorgesetzte oft den größten demotivierenden Einfluss auf Mitarbeiter ausübt, wie Sprenger schreibt. Das habe ich selbst hundertfach beobachtet. Wer seinen unmittelbaren Untergebenen als Checklisten-Pedant, Besserwisser oder selbstverliebter »Big Boss« gegenübertritt, nimmt ihnen die Freude an der Arbeit. Das Resultat: Die A-Mitarbeiter kündigen, die B-Mitarbeiter machen Dienst nach Vorschrift.

Die falsche Motivation, auch darauf hat schon Sprenger hingewiesen, ist oft noch schlimmer als überhaupt keine Motivation. Bonusprogramme und andere rein finanziellen Anreize zum Beispiel erleben Mitarbeiter oft als Ausdruck von Misstrauen. Sie sagen sich: Mein Vorgesetzter denkt wohl, ohne diese Mohrrübe vor der Nase arbeite ich nicht. Gut, dann nehme ich die Mohrrübe, aber tue auch nur das, was ich tun muss, damit er sie mir gibt. Der amerikanische Autor Daniel Pink nennt das in seinem Bestseller *Drive* die »Wenn-dann«-Belohnung: Wenn die Mitarbeiter spuren, dann bekommen sie eine Belohnung. Das degradiert Menschen zu Dressurpferden, zerstört Kreativität und nutzt sich am Ende vollständig ab. Die Belohnung wird zum selbstverständlichen Teil des Gehalts.

Die einzig wirksame Motivation ist für Daniel Pink die »Nun-da«-Belohnung. Das soll heißen: Der Vorgesetzte kündigt Belohnungen nicht an, sondern freut sich über gute Leistungen der Mitarbeiter und macht ihnen spontan eine Freude, wenn etwas besonders gut gelungen ist. Ein solcher Vorgesetzter setzt also »positive Verstärker« ein, um eine gute Leistung anzuerkennen, die auch ohne ihn schon da ist. Seine Anerkennung kommt im Idealfall von Herzen. Genau wie der Deutschtürke bei unserer Hotelerfahrung einfach von Herzen einen guten Job machte und es uns mit seiner Geste – »Hand aufs Herz« – demonstrierte. Reinhard K. Sprenger schreibt in seinen Büchern genau das, was auch dieser Servicemitarbeiter in seinen einfachen Worten ausdrückte: Wirkliche Motivation stellt sich von ganz alleine ein, wenn ein Mitarbeiter das tut, was er am besten kann und womit er auch freiwillig seine Zeit verbringen würde. Mitarbeiter sollen ihre Tätigkeit mit ganzem Herzen ausführen, meint Sprenger. Bei einem misslaunigen Vorgesetzten ist das jedoch schwierig bis unmöglich.

Lustloser Vorgesetzter = demotivierter Mitarbeiter

Schlecht gelaunt und gelangweilt saßen die Zuhörer da. Das kann ja heiter werden, dachte ich, als ich mit meinem Vortrag begann. Ich werde häufig als Redner gebucht und habe dann in der Regel mittelständische Unternehmer vor mir. Diesmal waren es rund 60 Chefs, die alle aus dem Handwerk kamen. Ich war als Keynote Speaker für ihr jährliches Netzwerktreffen eingeladen. Normalerweise geht es bei diesen Treffen um Kostenreduktion, Rhetorik oder Verkauf. Diesmal hatte der Organisator etwas Besonderes bieten wollen: Ich sollte zum Thema Lebensplanung sprechen. Dazu habe ich gemeinsam mit Johannes M. Hüger und Marcus Mockler das Buch *Dem Leben Richtung geben* geschrieben. Es stellt eine einfach umsetzbare Methode zur Zielplanung vor, von der Unternehmer und Führungskräfte ganz besonders profitieren. Ein Blick in die Runde verriet mir, dass dieses Thema die hier versammelten Chefs nicht die Bohne interessierte.

Wenn Zuhörer zunächst skeptisch sind, dann motiviert mich das, mich anzustrengen, um sie zu erreichen. Ich legte mich also mächtig ins Zeug. Nur wer als Unternehmer sein Leben plane, könne später die so wichtige Nachfolgerregelung hinbekommen, sagte ich. Führungskräfte, die sich selbst keine hohen Ziele setzen und sich nicht weiterentwickeln, könnten außerdem auch kein Vorbild für ihre Mitarbeiter sein. Ich spitzte das Thema zu und hoffte, die Zuhörer damit aufzurütteln. Einen solchen augenöffnenden Vortrag hatte sich der Geschäftsführer des Netzwerks auch von mir gewünscht. Doch er hatte wahrscheinlich vergessen, seine Mitglieder zu fragen. Denn während ich sie ermutigen wollte, mehr Verantwortung für ihr Leben und die Zukunft ihres Betriebs zu übernehmen, riefen viele ihre E-Mails ab oder tuschelten mit dem Nachbarn. Als ich später bei einzelnen nachfragte, bestätigte sich mein Verdacht: Das Thema interessierte einfach keinen.

Wenn es im Anschluss an derartige Vorträge ans obligatorische Büfett geht, dann höre ich von Unternehmern oft Klagen über faule und unmotivierte Mitarbeiter. An diesem Tag habe ich mich gefragt: Wie können Vorgesetzte motivierte Mitarbeiter erwarten, wenn sie selbst an Weiterentwicklung überhaupt nicht interessiert sind? Wie kann ein Chef, der sich nur mit Kostensenkung oder Verkaufssteigerung, nicht aber mit seinen persönlichen Zielen beschäftigen möchte, von seinen Mitarbeitern erwarten, dass sie sich von ganzem Herzen für die Firma engagieren? Während ich noch darüber nachdachte, sprach mich einer der Zuhörer an.

»Herr Knoblauch«, sagte er, »meine zwei Seniorchefs und die beiden Juniorchefs würden dringend eine solche Planung ihrer Lebensziele brauchen. Aber zu solchen Vorträgen wie heute gehen die grundsätzlich nicht. Da schicken sie immer mich. Ich bin einer der vier Bereichsleiter und auch dafür zuständig, die Weiterbildung mitzunehmen, die eigentlich für die obersten Chefs gedacht ist.« Ich traute meinen Ohren kaum. Bei den Chefs dieser Firma frage ich mich: Sehen sie sich überhaupt noch als Lernende? Sind sie bereit, sich zu verändern? Haben sie die Kraft, hart zu arbeiten, um die Zukunft ihres Unternehmens zu sichern? Denn nur wer das von sich behaupten kann, ist auch für A-Mitarbeiter attraktiv.

Michael Hyatts 20 Lektionen von schlechten Chefs
Können Mitarbeiter auch von schlechten Chefs etwas lernen? Der ehemalige Topmanager und heutige Führungsexperte und Buchautor Michael Hyatt sagt: Ja. Während seiner langen Karriere in der Medienbranche hat er selten gute, meistens eher schlechte und manchmal sogar paranoide und bösartige Chefs gehabt. Als positiv eingestellter Mensch sagt Hyatt heute: »Damals habe ich gehasst, für sie zu arbeiten, aber heute möchte ich die Lernerfahrung nicht missen.« Der Kontrast hat ihm nämlich gezeigt, wie man es richtig macht. Hier sind seine 20 Lektionen von schlechten Chefs:

1. Jeder im Team ist wichtig. Niemand verdient schlechte Behandlung.
2. Mit ihrer Einstellung und ihrem Verhalten schaffen Vorgesetzte ein emotionales Klima.
3. Je weiter du aufsteigst, desto mehr versuchen Leute, aus allen deinen Worten und Taten etwas »herauszulesen«. Während die Vermutungen nach unten durchsickern, wird ihnen immer mehr Bedeutung beigemessen.
4. Ein aufmunterndes Wort kann einem Mitarbeiter die ganze Woche retten. Umgekehrt kann ein barsches Wort sie ruinieren.
5. Stelle die richtigen Leute ein und dann habe Vertrauen, dass sie ihren Job erledigen.
6. Stelle niemals Menschen absichtlich vor ihrem Chef, ihren Kollegen oder ihren direkten Untergebenen bloß.

7. Greife niemanden persönlich an. Nimm stattdessen die Leistung in den Blick.
8. Lass dir einen Konflikt aus beiden Perspektiven schildern, bevor du reagierst.
9. Sag die Wahrheit, dann brauchst du dir auch nicht zu merken, was du gesagt hast.
10. Gib Menschen die Möglichkeit, zu scheitern, und reibe ihnen ihre Fehler nicht unter die Nase.
11. Verzeihe Menschen, ohne zu zögern, und lege einen Vorfall im Zweifel zu ihren Gunsten aus.
12. Triff keine voreiligen Entscheidungen.
13. Verlange nie etwas von deinen Leuten, das du nicht selbst auch tun würdest.
14. Gehe behutsam mit der Zeit anderer Menschen um, insbesondere wenn sie für dich arbeiten.
15. Glaube nicht alle Komplimente, die dir gemacht werden.
16. Ziehe durch, woran du wirklich glaubst, auch wenn es mühsam oder teuer wird.
17. Sei nicht ehrgeizig, um befördert zu werden. Konzentriere dich darauf, anderen zu dienen und einen guten Job zu machen.
18. Sei offen für jeden, der dir begegnet. Du weißt nie, wer dein nächster Chef wird.
19. Behalte Vertrauliches für dich. Ohne Ausnahme.
20. Beschwere dich über deinen Vorgesetzten bei niemandem, der nicht zur Lösung des Problems beitragen kann. Wenn du dich immer wieder beschweren musst, dann habe den Mut, zu kündigen.

In meinen Vorträgen habe ich schon mindestens 10 000 Kleinunternehmern und Mittelständlern immer dieselbe Frage gestellt: »Zu wie viel Prozent, glauben Sie, haben Sie das Interesse und die Begeisterung, ja das Herzblut Ihrer Mitarbeiter?« Ich rufe dann in Zehnerschritten Prozentzahlen auf und die einzelnen Zuhörer sollen jeweils bei ihrer Einschätzung die Hand heben. Die Ergebnisse sind durchweg enttäuschend. Die meisten heben die Hand bei 60 oder 70 Prozent. Also können diese Chefs keine A-Mitarbeiter haben! Denn ein A-Mitarbeiter ist mit vollem Einsatz dabei. Manchmal frage ich die Chefs auch, wie sie ihre eigene Begeisterung einschätzen. Und weil sich da einige nicht so gerne outen, drücke ich allen einen Zettel in die Hand mit der Bitte, die Prozentzahl darauf zu schreiben. »Wie viel Prozent Ihrer Begeisterung, wie viel Prozent Ihres Herzbluts werfen Sie in die Waagschale, wenn es darum geht, unternehmerisch anzupacken?«, frage ich.

Ursprünglich hatte ich auf den Zetteln einmal Zahlen wie 70, 80 oder 90 Prozent erwartet. Schließlich sind das ja alles Chefs, Unternehmer, Macher. Doch weit gefehlt. Da steht regelmäßig 15, 20 oder 50 Prozent, selten mal 70 Prozent. Nur ein Unternehmer hat einmal 120 Prozent notiert – wow! Wenn ich den Durchschnitt berechne, dann komme ich eher auf 40 als auf 50 Prozent. Chefs schätzen sich selbst also noch weit weniger begeistert ein, als sie ihre Mitarbeiter einschätzen! Diese Erkenntnis traf mich wie ein Schlag. Halbherzige Vorgesetzte brauchen sich über lustlose Mitarbeiter nicht zu wundern.

Wenn ich eines in den vielen Jahren der Beschäftigung mit Personalmanagement und Führung gelernt habe, dann ist es dies: Ein Vorgesetzter kann seine Mitarbeiter immer nur maximal so weit entwickeln, wie er selbst entwickelt ist. Der Chef kann auch nur so viel Begeisterung wecken, wie er selbst von seiner Arbeit begeistert ist. Wenn sich die Begeisterung, die ich im Durchschnitt erlebe, nur um 10 Prozent steigern ließe, wäre zumindest schon ein positiver Trend da. Führungskräfte und Mitarbeiter, die alle nur mit halber Kraft arbeiten, müssen sich klarmachen, dass ihr Unternehmen langfristig in großer Gefahr ist. Und Chefs, die ihre Bereichsleiter an ihrer Stelle zu Fortbildungen schicken, weil sie selbst unentbehrlich sind, sollten wissen, dass sie keine A-Mitarbeiter haben. Denn hätten sie A-Mitarbeiter, könnten sie jederzeit ein paar Tage aus dem Betrieb sein und fänden bei ihrer Rückkehr alles in bester Ordnung vor.

Ich bin ein A-Mitarbeiter, holt mich hier raus!

Die Auszubildende wollte nur noch weg. Sie hielt es bei dem Mittelständler hier in unserer Region keinen Tag länger aus. Wir hörten davon und lernten die junge Frau kennen. Sie wirkte nicht nur intelligent und sympathisch, sondern zeigte nach unseren Bewertungsmaßstäben für Einstellungen auch viel Potenzial. Wir sprachen mit ihren Chefs und holten sie zu uns. Heute ist diese ehemalige Auszubildende eine unserer besten Mitarbeiterinnen, ein wahres Goldstück, das wir nicht wieder abgeben möchten. Sie kümmert sich eigenverantwortlich um einen Bereich, der sehr viel mit Kundenkontakt zu tun hat. Und die Kunden lieben sie! Denn sie macht ihre Arbeit mit ganzem Herzen, erkundigt sich regelmäßig bei ihnen nach ihren Anliegen und hat immer wieder kreative Ideen für kleine Überraschungen. Den umgekehrten Fall kennen wir allerdings auch: Ein anderer Mittelständler in unserer Region hat immer wieder Auszubildende von uns geholt, die wir wegen ihrer unzureichenden Leistungen nicht weiterbeschäftigen wollten. Diese Firma ist jetzt so gut wie pleite.

Ich bin oft zu Gast in mittelständischen Betrieben und mache dort Rundgänge. Wo immer sich die Gelegenheit bietet, versuche ich, mit Mitarbeitern ins Gespräch zu kommen. Immer öfter höre ich in der letzten Zeit Sätze wie: »Mein Chef ist ein Dummkopf, hat keine Ahnung und weiß nichts Besseres, als hier rumzustänkern.« Der Frustpegel ist hoch. Die regelmäßigen Untersuchungen des Gallup Instituts bestätigen das. Nach dem »Gallup Engagement Index« von 2012 haben 24 Prozent der Arbeitnehmer in Deutschland bereits innerlich gekündigt. Diese Mitarbeiter bezeichne ich als C-Mitarbeiter. Weitere 61 Prozent machen Dienst nach Vorschrift – das sind die B. Lediglich 15 Prozent der Beschäftigten in Deutschland sind laut Gallup emotional an ihren Arbeitgeber gebunden und setzen sich gerne und freiwillig für dessen Ziele ein. Das sind die A-Mitarbeiter, um die Chefs sich reißen sollten.

So weit das deprimierende ABC in deutschen Firmen. Gallup hat aber noch eine andere Zahl ermittelt: 92 Prozent der Mitarbeiter geben an, dass sie die Arbeit, die sie ausführen, gerne machen und damit zufrieden sind. Warum haben Unternehmen dann nicht 92 Prozent A-Mitarbeiter? Sondern 86 Prozent B und C? In der Pressemitteilung zur Studie erklärt Marco Nink, Strategic Consultant bei Gallup Deutschland, den Widerspruch: »Diese Zahlen zeigen ganz eindeutig, dass die Gründe für eine mangelnde emotionale Bindung nicht in den Rahmenbedingungen des Arbeitsverhältnisses liegen. Führungskräfte sind diejenigen, die in der Verantwortung stehen, da sie es sind, die das Arbeitsumfeld durch ihr Führungsverhalten prägen und gestalten.«

Da haben wir es wieder: Mitarbeiter sind nicht frustriert über ihre

Arbeit oder über ihre Firma, sondern über ihren Vorgesetzten. Chefs verderben Mitarbeitern, denen ihre Arbeit eigentlich Spaß macht, durch ihr Führungsverhalten die Laune. Deshalb ist das Verhalten der Vorgesetzten der entscheidende Hebel für positive Veränderungen. Das bestätigt auch der Managementberater, Coach und Buchautor Johannes M. Hüger. Wenn sich B-Mitarbeiter nicht zu A-Mitarbeitern entwickeln, dann liegt das seiner Meinung nach zu 80 Prozent an den Chefs und nur zu 20 Prozent an persönlichen Lebensschicksalen und negativen Glaubenssätzen, die Mitarbeiter über sich selbst haben. Solche negativen Glaubenssätze lauten zum Beispiel: »Meine Arbeit ist nicht gut genug.« Oder: »Ich werde hier nicht gemocht und geschätzt.«

Doch selbst solche negativen Muster, die aus früheren Lebenserfahrungen stammen und mit der heutigen Realität meist nichts zu tun haben, können Vorgesetzte aufbrechen. Das hat Professor Joachim Bauer, Neurobiologe, Psychotherapeut und Autor des Bestsellers *Prinzip Menschlichkeit*, herausgefunden. Das Mittel gegen negative Glaubenssätze von Mitarbeitern heißt Wertschätzung. Werden alte Glaubenssätze durch Wertschätzung aufgebrochen, dann kommt es im Gehirn zu neuen »Schaltungen«, die weiteres Lernen ermöglichen und Spitzenleistungen erlauben, sagt Joachim Bauer. Johannes M. Hüger ergänzt: In der Vergangenheit ist Wertschätzung von Chefs als Lob verstanden worden, es ist aber deutlich mehr. Wertschätzung bedeutet, einen Mitarbeiter wahrzunehmen und ihn zu verstehen. Durch diese Empathie kommt ein Wachstumsprozess in Gang.

Keine Frage: Viele Führungskräfte müssen ihren Führungsstil ändern, wenn sie B-Mitarbeiter (laut Gallup-Studie ja knapp zwei Drittel der Belegschaft) zu A-Mitarbeitern entwickeln wollen. Und erst recht, wenn die wenigen heutigen A-Mitarbeiter nicht einmal wissen sollen, wie man das Wort »Kündigung« schreibt. Doch welcher Führungsstil ist der richtige? Hier hat das Modell des »situativen Führens« von Paul Hersey und Kenneth Blanchard schon vielen Chefs geholfen, einen Führungsstil herauszubilden, der auf den Entwicklungsstand der jeweiligen Mitarbeiter eingeht. Nach Hersey und Blanchard gibt es nicht »den« richtigen Führungsstil, sondern der Vorgesetzte muss die Mitarbeiter durch unterschiedliches Verhalten dort abholen, wo sie stehen.

»Potenziell sind alle Menschen Spitzenkönner – man muss nur herausfinden, wo sie gerade stehen, und ihnen von dort aus weiterhelfen«, schreibt Kenneth Blanchard. Er unterscheidet vier Führungsstile: dirigieren, trainieren, unterstützen und delegieren. Welchen Führungsstil der jeweilige Mitarbeiter genau benötigt, hängt von einer Kombination aus zwei Faktoren ab: Kompetenz und Engagement. Je niedriger die beiden Faktoren ausgeprägt sind, desto mehr muss der Vorgesetzte dirigieren. Je mehr A-Mitarbeiter Sie haben, desto mehr können Sie die Aufgaben delegieren. Mitarbeiter mit hoher Kompetenz und hohem Engagement brauchen einen Führungsstil, bei dem möglichst viel Verantwortung an sie delegiert wird. Das heißt aber nicht, dass A-Mitarbeiter von ihren Vorgesetzten im Stich gelassen werden möchten. Sie wollen Vertrauen erfahren, Anerkennung und Bestätigung bekommen und immer wieder neu angespornt und herausgefordert werden.

Es gehört nicht viel Fantasie dazu, sich vorzustellen, was passiert, wenn Vorgesetzte einen A-Mitarbeiter behandeln wie einen B- oder gar C-Mitarbeiter. Wer seinen besten Leuten zu enge Vorgaben macht oder ihnen nicht die Unterstützung gibt, die sie wirklich brauchen, wird sie irgendwann verlieren. Je früher Führungskräfte damit beginnen, ihren Mitarbeitern genau die richtige Unterstützung in der jeweiligen Situation zu geben, desto besser. Mitarbeiter merken heute schon während ihrer Ausbildung, ob sie in einer Firma überhaupt die Chance auf Förderung und Unterstützung haben oder nicht.

Doch auch unzureichende Unterstützung ist immer noch besser als gar keine. Am schlimmsten ist es, wenn Vorgesetzte ihre Mitarbeiter völlig allein lassen und deren täglich geleistete Arbeit gar nicht zur Kenntnis nehmen. Nachdem ich eine Kurzfassung der Geschichte mit dem freundlichen Deutschtürken im Hotel in meinem Blog veröffentlicht hatte (www. tempus.de/blog), schrieb mir ein Leser von seinem Sohn, der gerade seine Ausbildung zum Hotelfachmann abgebrochen hatte. In den Arbeitsfeldern habe es ihm eigentlich gut gefallen und er habe seine Arbeit gern gemacht. Genau wie laut Gallup-Studie 92 Prozent der Mitarbeiter in deutschen Unternehmen.

Was seinen Sohn jedoch zermürbt habe, schreibt der Leser, sei der Umgang dort mit den Mitarbeitern:»In vier Monaten hat ihn nicht ein einziges Mal jemand von der Leitung auf seine Ausbildung angesprochen, niemand hat sich dafür interessiert, wie es ihm geht, wie es ihm gefällt usw. Er bekam nur seine Arbeitspläne und musste funktionieren, dazu mit einer hohen Zahl von unvergüteten Überstunden.« Da kann ein Unternehmen noch so attraktiv sein – bei solchen Vorgesetzten sind talentierte Mitarbeiter plötzlich nicht mehr da.

Kapitel 4

Kassensturz
Gute Chefs sind teuer, schlechte Chefs
sind noch teurer

Wer mit peanuts bezahlt,
muss sich nicht wundern,
wenn er von Affen bedient
wird.

»Rekordgehalt: VW-Chef Winterkorn kassiert 17 Millionen Euro«, lautete die Schlagzeile bei *Spiegel Online.* Der Automanager hatte in einem Jahr so viel Geld erhalten wie noch kein Chef eines DAX-Konzerns vor ihm. Auch die übrigen Vorstandsmitglieder von Volkswagen kamen nicht zu kurz: Ihr Gehalt lag 2011 zwischen 7,3 und 8,1 Millionen Euro. Dass Martin Winterkorn noch mal deutlich mehr bekam als seine Vorstandskollegen, lag an seinem Bonus von elf Millionen Euro. Mit dieser Zahlung sollte der VW-Chef für seinen Beitrag zur »langfristigen Entwicklung des Unternehmens« belohnt werden. Diese Entwicklung war messbar: Volkswagen hatte gerade einen Rekordgewinn von 15,8 Milliarden Euro eingefahren und damit den Konzerngewinn innerhalb eines Jahres mehr als verdoppelt. Zum Vergleich: Umgerechnet rund sieben Milliarden Euro, also etwas weniger als den Mehrgewinn bei VW, erwirtschaftet die gesamte Filmindustrie in Hollywood pro Jahr – Wahnsinn.

Gemessen am Gewinn seines Konzerns ist Martin Winterkorn ein guter Chef. Gleichzeitig ist er der teuerste Chef, den ein deutsches Unternehmen sich je geleistet hat. Ist dieser Chef sein Geld wert? Der Autor Martin Wehrle meint: Nein. »Eine Ungerechtigkeit«, nennt er die 17 Millionen für Herrn Winterkorn und rechnet auch schnell mal um: »Das entspricht 553 Arbeitnehmergehältern von 30 000 Euro im Jahr.« Die Gewinnentwicklung eines Unternehmens und die Gehaltsentwicklung des Topmanagements hätten, findet Wehrle, so viel miteinander zu tun wie die Lottozahlen mit einem Taschenrechner – nämlich nichts. Unternehmensgewinne seien ähnlich abhängig von der Konjunktur wie die Erträge eines Winzers vom Wetter.

Martin Wehrle nimmt zur Verdeutlichung den Chef eines Ölkonzerns: »Wenn mal wieder ein Krieg in der Golfregion droht«, schreibt der Bestsellerautor, »dann schießen die Ölpreise nach oben – und mit ihnen die Gewinne des Ölkonzerns. Was hat der Manager eigentlich zur Kriegsgefahr beigetragen? Nichts – hoffe ich wenigstens. Und was kann der Manager dafür, wenn der Motor der Weltkonjunktur anzieht und wie ein Verrückter Öl säuft? Wieder: Nichts.« Deshalb spricht Wehrle von »Irrenhaus-Direktoren«, welche die Kasse ihres Unternehmens zum »Selbstbedienungsladen« machten. Wenn Mitarbeiter aber mal mehr abbekommen wollten, werde ihnen »auf die Finger geklopft«. (Nur am Rande: Im Jahr des Rekordgehalts von Martin Winterkorn hat Volkswagen an jeden der 90 000 tariflich entlohnten Mitarbeiter 7500 Euro Erfolgsbonus überwiesen. Bei der Tochter Audi waren es sogar 8251 Euro extra für jeden Arbeitnehmer am Jahresende.)

Ich bin ein Fan der Bücher von Martin Wehrle und er mag meine Bücher wahrscheinlich auch, da er sie ausgiebig – korrekt – zitiert. Aber hier komme ich mit seinen Argumenten nicht klar. Wenn schlechte Chefs Unternehmen an den Rand des Ruins führen, wie die Nokia-Manager, oder wenn sie mit falschen Strategien Milliarden verbrennen, wie Jürgen Schrempp bei Daimler, dann müssen sie dafür zur Rechenschaft gezogen und haftbar gemacht werden. Wenn Chefs aber umgekehrt für sagenhafte

Gewinne sorgen, dann sollen sie davon auch eine größere Summe abbekommen dürfen. Ja, 17 Millionen Euro entsprechen 553 Arbeitnehmergehältern – aber es sind eben auch nur 0,1 Prozent des Gewinns von 15,8 Milliarden Euro.

Einer, der genau wie ich das Gehalt von Martin Winterkorn okay findet, ist Notker Wolf. Der Abtprimas des katholischen Benediktinerordens ist selbst Chef von über 1000 Klöstern und 24 000 Mönchen und Nonnen in aller Welt und bringt im Jahr 300 000 Flugkilometer auf sein Meilenkonto. Von den Honoraren seiner Bestseller und Vorträge behält der persönlich bescheidene Mann selbst keinen Cent – alles fließt in die Kasse des Ordens. Für mich ist Notker Wolf, den ich schon einmal auf den von mir mitorganisierten Kongress christlicher Führungskräfte eingeladen habe, so etwas wie das Gewissen der Nation. Er ist persönlich absolut unbestechlich und deshalb glaubwürdig.

Dieser Notker Wolf sagt: Die 17 Millionen Euro für Martin Winterkorn sind kein Problem. Viel wichtiger sei die Frage, ob ein Unternehmen ein »humanes« oder ein rein »gewinnorientiertes« Management habe: »Ein rein gewinnorientiertes Management zerstört das Arbeitsklima, es untergräbt die Motivation der Mitarbeiter und mindert die Leistung«, sagt der Geistliche. Aber wenn ein humanes, arbeitnehmerfreundliches Unternehmen wie VW erfolgreich ist, dann dürfen die Topmanager auch viel verdienen. »Egal, wie viel du einem solchen Mann bezahlst«, meint der Abtprimas, »er ist immer unterbezahlt.« Das ist provokant, aber ich gebe ihm völlig recht: Guten Chefs kann man gar nicht genug bezahlen. Warum? Ganz einfach: Weil schlechte Chefs wegen des Schadens, den sie anrichten, noch teurer sind.

Toms Audi oder: Was macht einen A-Chef aus?

Wenn Martin Winterkorn ein A-Chef ist, dann sollte man das nicht nur am Konzerngewinn merken. A-Mitarbeiter zeigen ein außergewöhnliches Maß an Engagement, sie sind selbst im Detail absolut herausragend – und das gilt für A-Chefs genauso. Es sind die kleinen Dinge, an denen man die besten Chefs der Welt erkennt. Die großen Aufgaben von Topmanagern verstehen wir sofort: In einem Automobilkonzern zum Beispiel müssen ständig die Modellreihen erneuert werden, die Marke will gepflegt sein und in die Produktion muss investiert werden. Doch was A-Führungskräfte wirklich ausmacht, hat mein Freund Tom erlebt.

Tom ist Chef eines mittelständischen Unternehmens im Schwarzwald und fährt einen Audi. Als er sich vor einiger Zeit in einer Rehaklinik am Bodensee von einer Krankheit erholte, saß er abends mit anderen Patienten bei einer Art Stammtisch zusammen. Die meisten waren ebenfalls Unternehmer oder Führungskräfte, einer war Manager bei Audi. Da erzählte Tom von einem unverschuldeten Autounfall, nach dem die Werkstatt seinen Audi mehr verunziert als repariert hatte: »Ich habe jetzt zwei Lackierungen auf dem Auto, eine helle und eine dunkle«, scherzte Tom. Da hatte er die Lacher der Männerrunde auf seiner Seite. Tom kam in Fahrt, trat die Geschichte ziemlich breit und machte sich über Audi lustig.

Der Audi-Manager war sauer. Da saßen lauter potenzielle Kunden und Tom machte seine Marke runter. Zwei Tage später fing der Manager Tom im Fitnessraum ab. »Komm mal mit raus«, sagte er zu Tom. »Mein Fahrer ist gerade hier. Du kannst mit dem neuesten A6 ein paar Runden drehen.« Tom fragte entsetzt, ob der Manager ihm jetzt ein Auto verkaufen wolle. »Nein, nein, das darf ich gar nicht«, erwiderte der Audi-Mann. »Ich will dir nur zu einem positiven Audi-Erlebnis verhelfen.« So kurvte Tom mit der Businesslimousine einen halben Tag lang um den Bodensee und hatte einen Riesenspaß. Abends erzählte der Manager von einer Großveranstaltung am nächsten Wochenende bei Audi. Als Tom durchblicken ließ, wie gerne er mal bei so einer Show mit großem Medienrummel dabei wäre, sagte der Ingolstädter: »Na ja, eigentlich ist diese Show nur für geladene Gäste, aber ich finde ein Plätzchen für dich.«

Gesagt, getan. Als Tom in Ingolstadt eintraf, wurde er gleich zum VIP-Container geführt, wo er mit seinem neuen Freund aus dem Management frühstückte. Als die Show dann langsam losging, bekam Tom einen Platz in der ersten Reihe. Auch dafür hatte sein Freund gesorgt. Und jetzt kam die Überraschung: »Komm mal mit«, sagte der Manager zu Tom, »ich mach dich mit jemandem bekannt.« Im Foyer stand ein gepflegter älterer Herr mit silbermeliertem Haar. »Darf ich vorstellen, Herr Dr. Winterkorn? Das ist der Mann, von dem ich Ihnen erzählt habe, der das Pech mit der Lackierung hatte.« Martin Winterkorn machte ein bisschen Smalltalk mit Tom und sagte dann zu seinem Mitarbeiter: »Bitte regeln Sie den Fall.« Rückfrage des Mitarbeiters: »Chef, die große oder die kleine Lösung?« Winterkorn: »Nehmen Sie die große.«

Nach der Show sagte Toms Freund zu ihm: »Komm doch bitte mal mit in mein Büro. Wir konfigurieren für dich ein neues Auto.« Tom wehrte sich erst, doch der Manager sagte nur: »Anweisung vom Chef.« Da saßen sie dann vorm Computer, der Audi-Mann las alle Farben und Sonderausstattungen des A6 vor und Tom sollte einfach sagen, was er haben wollte. Am Schluss hieß es: »In sechs Wochen hast du dein neues Auto, die normale Lieferzeit wäre 18 Wochen.« Jetzt machte Tom sich Sorgen, was ihn das alles kosten sollte. Da verstand er erst, wie die Anweisung vom Chef gelautet hatte: Sein alter Audi würde kostenlos gegen einen neuen A6 ausgetauscht werden. Winterkorn wollte, dass Toms falsch lackiertes Auto schnellstens von der Straße verschwand. Tom war völlig geplättet. Als er später noch durchs Audi-Museum schlenderte, klingelt bei seinem Freund das Handy. Es war Martin Winterkorn. Der saß bereits im Firmenjet, startklar in die USA, wollte sich aber noch mal persönlich erkundigen, ob Tom auf die »große Lösung« eingegangen sei und alles geklappt habe.

Wenn Sie diese Geschichte einmal auf sich wirken lassen, dann können Sie viel darüber lernen, was A-Chefs ausmacht. Sowohl der mittlere Audi-Manager als auch sein oberster Chef Martin Winterkorn haben keine Mühen gescheut, um einen einzigen enttäuschten Kunden wieder zum Fan ihrer Marke zu machen. Eine C-Führungskraft hätte sich für Toms Geschichte in der Rehaklinik gar nicht weiter interessiert. Sie sagt sich in so einer Situation: Ich bin jetzt nicht im Dienst – was kümmert es mich, wie andere Leute über meinen Arbeitgeber reden? So wäre die Geschichte niemals bis zum Vorstandschef gelangt. Eine B-Führungskraft wiederum hätte sich wahrscheinlich gefragt, wie sie den Schaden irgendwie begrenzen könne. Möglichst kostengünstig natürlich. Nur A-Chefs haben diese Einstellung, jeden einzelnen Kunden so wichtig zu nehmen, als hinge das Überleben der Firma von ihm ab. Sie sind Perfektionisten, die immer und überall nichts anderes tolerieren als Spitzenleistung. Ihre Loyalität kennt keinen Feierabend, sie setzen sich jederzeit für ihre Firma und ihre Marke ein.

Die besten Unternehmen der Welt haben durch die Bank A-Chefs. Anders wäre ihr Erfolg nicht möglich. David K. Williams ist nicht nur CEO der erfolgreichen Softwarefirma Fishbowl, sondern auch Führungsexperte und gefragter Kolumnist für Magazine wie *Forbes* oder *Harvard Business Review*. In *Forbes* hat Williams vor kurzem eine Liste der seiner Meinung nach zehn besten Business Leader der Welt veröffentlicht. Hier sind die Top Ten aus dem *Forbes*-Magazin, inklusive der (auszugsweise wiedergegebenen) Begründungen von David K. Williams:

Platz 10: Rupert Murdoch, News Corporation – »Ein Selfmademan, der in einem Alter (81) noch unglaublich hart arbeitet, in dem die meisten längst in Rente gegangen sind. Seine Arbeitsethik ist beispielhaft für alle.«

Platz 9: Richard Branson, Virgin Group – »Wer 400 Firmen besitzt und Milliarden verdient, muss einiges richtig machen. Ich bewundere Bransons Hartnäckigkeit und die Art, wie er sich selbst zur Marke gemacht hat.« (Aktuelles Vortragshonorar: 250 000 Dollar zuzüglich 100 000 Dollar Anfahrtspauschale.)

Platz 8: Warren Buffett, Berkshire Hathaway – »Er ist ein extrem vorsichtiger Investor in Zeiten, in denen viele von einem Extrem ins andere verfallen. Als bestes Beispiel für Geduld zeigt er, dass im Business am Ende die Hartnäckigen das Rennen machen.«

Platz 7: Indra Nooyi, Pepsi – »Eine Powerfrau, die nicht nur Rekordgewinne einfährt, sondern Pepsi auch gesünder macht und mutig alte Bastionen des Fast Food schleift.«

Platz 6: Tim Cook, Apple – »Steve Jobs nachzufolgen ist eine harte Nummer, aber bisher macht Tim Cook einen großartigen Job. Er setzt nicht allein auf Innovationen für die Konsumenten, sondern auch auf Managementinnovationen.«

Platz 5: Larry Page, Google – »Larry Page ist das Beispiel eines Businessmanns, der jede Herausforderung annimmt. Google wird ebenso oft kritisiert wie gelobt. Page interessiert beides nicht. Er tut, was für die Firma das Beste ist.«

Platz 4: Howard Schultz, Starbucks – »Er stammt aus einer sehr armen Familie und ist das beste Beispiel für Mut und harte Arbeit. Trotz des eigenen Erfolgs investiert er auch viel Geld in den Erfolg anderer Firmen.«

Platz 3: Brad Smith, Inuit – »Er sorgt dafür, dass sein Softwareunternehmen trotz Milliardenumsatz so funktioniert wie ein Zusammenschluss von Start-ups. Seine fast 8000 Mitarbeiter dürfen hohe Risiken eingehen und aus Fehlern lernen.«

Platz 2: Anne Mulcahy, Xerox – »Sie schaffte die Wende in der finanziellen Krise. Anne wollte nie CEO werden, nahm die Herausforderung aber an, als sie gewählt wurde. Aus dem gesamten Desktop-Geschäft stieg sie aus.«

Platz 1: Jeff Bezos, Amazon – »Er ist ein Pionier des E-Commerce. Sein Konzept der automatischen Produktempfehlungen auf der Basis von Analysen des Such- und Kaufverhaltens hat das Online-Shopping für Kunden in aller Welt verbessert und elektronischen Handel profitabler gemacht.«

Hätten Sie gerne einen dieser Topleute als Chef oder wären Sie am liebsten selbst ein Chef in dieser Liga? Dann machen Sie sich klar: Alle Männer und Frauen dieser Top Ten verdienen jedes Jahr viele Millionen. Ist es Geld, das sie ihren Mitarbeitern wegnehmen? Nein, denn ohne diese absoluten Ausnahmechefs gäbe es die Arbeitsplätze der meisten Mitarbeiter entweder gar nicht oder schon längst nicht mehr. Solche Leader sind jeden Cent wert. Die Alternative sind schlechte Chefs, die noch viele Millionen mehr verbrennen, als die besten Chefs der Welt verdienen. Womit schlechte Chefs besonders teure Schäden anrichten, lesen Sie im nächsten Abschnitt.

»Frisches Blut« ist nicht produktiver, sondern teurer

Selbst unter Personalexperten muss ich immer wieder für meinen Standpunkt streiten, dass es sich auszahlt, A-Mitarbeiter und A-Führungskräfte zu rekrutieren und langfristig an ein Unternehmen zu binden. So auch kürzlich wieder auf Europas größter Personalmesse, der »Zukunft Personal« in Köln. Dort saß ich mit einigen bekannten Managern und Fachjournalisten auf einem Podium. Der Marketingchef eines großen internationalen Personaldienstleisters behauptete, eine gewisse Fluktuation von Mitarbeitern und Führungskräften täte einem Unternehmen doch ganz gut. Ich erwiderte ziemlich genervt, dass eine solche Aussage ein Schlag ins Gesicht für alle sei, die an einer A-Kultur in ihrem Unternehmen arbeiten. Wenn Leute gehen, dann ist das immer ein Armutszeugnis für die Firma. (Erinnern Sie sich an die »sieben verborgenen Gründe, warum Mitarbeiter kündigen« aus dem vorherigen Kapitel?) Wer ein Hochleistungsteam hat, dann aber kundtut, dass diese Mitarbeiter durchaus ersetzbar seien, sendet die völlig falschen Signale.

Meinem Kontrahenten auf dem Podium stand das Unverständnis ins Gesicht geschrieben. Und er wiederholte seine These nochmals: »Ein bisschen frisches Blut kann nie schaden.« Da meldete sich in der ersten Reihe eine beherzte Personalchefin aus Dresden zu Wort. Sie schwärmte geradezu von ihren A-Mitarbeitern. Ihr Unternehmen sei erst wenige Jahre alt und unter schwierigsten Umständen gegründet worden. Trotzdem wachse es jedes Jahr um 20 Prozent, und zwar aus einem einzigen Grund: A-Mitarbeiter auf allen Ebenen, von der Assistenz bis hin zur Geschäftsleitung. Jeder der 140 Mitarbeiter werde von ihr persönlich hofiert. Um jeden würde sie kämpfen. Keinen einzigen möchte sie missen.

Diese unterschiedliche Wahrnehmung bei einem internationalen Personaldienstleister und einem kleinen, ehrgeizigen deutschen Mittelständler ist typisch. Wer unter schwierigen Bedingungen mit knappen Ressourcen hohe Ziele erreichen will, der weiß genau, dass dies nur mit absoluten Topleuten auf allen Ebenen möglich ist. Deshalb ist die Personalchefin aus Dresden auch bereit, um jeden einzelnen Kopf zu kämpfen. Wer dagegen internationale Konzerne mit prall gefüllter Kriegskasse berät, der glaubt (manchmal, nicht immer), sich Experimente leisten zu können. Doch Unternehmen – egal, ob Mittelständler oder Konzerne –, die auf einen Rat wie den mit dem »frischen Blut« hören, zahlen einen hohen Preis. Einer der größten Kostentreiber, der schlechte Chefs so teuer macht, wird am häufigsten übersehen: Es ist der Preis der Fluktuation. A arbeiten nicht für B oder gar C. Jedenfalls nicht lange. Und die Kosten, die entstehen, wenn ein Mitarbeiter vorzeitig das Handtuch wirft, sind enorm.

Ich habe bereits in meinem Buch *Die Personalfalle* vorgerechnet, was Fehlbesetzungen wirklich kosten. International geht man von 15 Monatsgehältern aus. Die führende deutsche Personalberatung Kienbaum spricht sogar vom 1,5- bis 3fachen eines Jahresgehalts. Letzteres gilt vor allem für Konzerne. Was nun aber für Fehleinstellungen gilt, das gilt logischerweise auch für die »freiwillige« Fluktuation von Mitarbeitern. Mit anderen

Worten: Wer nach ein oder zwei Jahren hinwirft, weil sein Vorgesetzter absolut unerträglich ist, der kommt das Unternehmen selbstverständlich ähnlich teuer wie eine Fehlbesetzung, der gekündigt wird. Dazu müssen Sie sich nur noch einmal die Gallup-Studie vor Augen führen: Fast jeder Mitarbeiter kündigt zunächst »innerlich«, bevor er endgültig geht. Diese unmotivierten Mitarbeiter kosten das Unternehmen ein Vermögen durch die Geschäftschancen, die sie liegen lassen, weil sie nur noch Dienst nach Vorschrift (oder noch weniger) machen. Und wer ist an der Demotivation schuld? Laut Gallup die Vorgesetzten!

Wenn ein C-Mitarbeiter über seine Beine stolpert, entsteht ein Schaden. Wenn aber ein C-Chef über seine Beine stolpert, dann entsteht ein extrem großer Schaden. Denn das Management ist ja ausdrücklich gefragt, wenn es darum geht, Geschäftschancen zu erhöhen, Kundenbeziehungen zu pflegen, Einsparpotenziale zu erkennen, »einfache« Mitarbeiter zu motivieren und so weiter. Den größten Schaden richten demnach Topmanager an, die ihre Mittelmanager vergraulen, worauf diese wiederum ihre Untergebenen demotivieren. Eine Kettenreaktion! Der Schaden durch verpasste Gelegenheiten wird von Tag zu Tag größer, während die B und C unter den Führungskräften und Mitarbeitern selbstverständlich jeden Tag weiter ihr Gehalt beziehen, Weiterbildung in Anspruch nehmen, Flüge, Hotels und Mietwagen buchen und so weiter. Allein die verlorenen Kosten für Weiterbildungsmaßnahmen sollten jedem Personaler die Tränen in die Augen treiben, wenn ein Mitarbeiter kündigt. Von den für teures Geld vermittelten Fähigkeiten wird in Zukunft eine andere Firma profitieren.

Und da soll jetzt »frisches Blut« die Lösung sein? Kaum. Das Gegenteil ist der Fall! Denn zu den Kosten für die verpassten Chancen, wenn ein demotivierter Mitarbeiter endlich geht, kommen jetzt noch die Kosten für eine Neueinstellung hinzu: Anzeigenschaltung, verlorene Arbeitszeit durch Bewerbermanagement, mehrstufiger Einstellungsprozess, Reisekostenübernahme. Bedenken Sie: Je härter der »War for Talents« wird, je weniger qualifizierte Fach- und Führungskräfte der Arbeitsmarkt bereitstellt, desto länger dauert es, bis sich überhaupt ein geeigneter Ersatz für einen Weggang findet. Und desto teurer wird es.

Wenn dann alle glücklich über das »frische Blut« sind, steigen die Kosten noch weiter: Während der Einarbeitungszeit ist die Produktivität des neuen Mitarbeiters erst eingeschränkt vorhanden, dafür werden bei Kollegen Ressourcen gebunden, um den Neuzugang zu integrieren. Neue Führungskräfte stellen außerdem hohe Ansprüche: Sie wollen eine Büroeinrichtung nach ihrem Geschmack statt nach dem ihres Vorgängers. Sie hätten gerne einen Geschäftswagen ihrer Lieblingsmarke und in ihrer Lieblingsfarbe. Immer öfter wollen sie auch ihren Wohnort behalten und jedes Wochenende nach Hause fliegen – selbstverständlich auf Firmenkosten.

Alle diese Wünsche werden Sie einem A-Bewerber in der heutigen Zeit erfüllen müssen, sonst geht er zur Konkurrenz. In Konzernen gibt es inzwischen IT-Spezialisten, die nur noch jede zweite Woche im Büro sind und die übrige Zeit in ihrer Finca auf Mallorca sitzen. Die Pendelflüge zahlt die Firma. Solche Blüten treibt der Fachkräftemangel inzwischen, und diese Situation wird sich in den nächsten Jahren noch weiter verschärfen.

Unternehmen haben also schlicht und ergreifend die Wahl, ob sie eine A-Kultur schaffen und Topleute auch herausragend bezahlen möchten oder ob sie für Fluktuation einen noch viel höheren Preis bezahlen wollen. Die Schlüsselfigur ist immer der Chef, ich kann es nicht oft genug wiederholen. Schlechte Chefs verursachen eine extrem hohe Fluktuation und dadurch hohe Kosten. Je knapper die besten Leute in den nächsten Jahren werden und je mehr ihre Ansprüche an den Arbeitgeber steigen, desto teurer wird es.

Nehmen Sie die Besten – oder betrachten Sie Gehälter als Spenden

Hans Merkle ist hier bei uns im Südwesten eine Legende. Von 1963 bis 1984 war er Vorsitzender der Geschäftsführung der Robert Bosch GmbH und wechselte anschließend als Vorsitzender in den Aufsichtsrat. Er starb im September 2000 in Stuttgart. Der öffentlichkeitsscheue Merkle war einer der mächtigsten deutschen Manager und gleichzeitig ein Meister des Understatement. Seine Rolle im Unternehmen pflegte er als »Diener des Hauses Bosch« zu bezeichnen. Die Mitarbeiter hatten stets Anteil am Welterfolg von Bosch. In meiner Heimatstadt Giengen an der Brenz hat

Bosch viele Jahre Kühlschränke produziert. Und die Mitarbeiter hatten es gut. Es gab nicht nur hohe Löhne, sondern zum Beispiel auch eine wunderschöne Kantine mit bestem Essen zu niedrigen Preisen oder eine gepflegte Wohnsiedlung eigens für die Mitarbeiter. Heute gehört das Werk zur Bosch und Siemens Haushaltsgeräte GmbH (BSH). Durch Siemens hat ein eisiger Wind Einzug gehalten, den Merkle niemals geduldet hätte.

Dieser Hans Merkle hat einmal folgenden Satz gesagt: »Ich habe mein Geld nicht mit vielen Mitarbeitern verdient, denen ich wenig bezahlt habe, sondern mit wenigen, denen ich viel bezahlt habe.« Was er damit sagen wollte: Ich habe nach A-Leuten Ausschau gehalten und es war mir egal, welche Forderungen die hatten. Ich wollte sie, habe ihre Forderungen erfüllt und sie gewonnen. Auch Merkle wusste: Zu teuer werden kann es gar nicht. Egal, was man den besten Leuten zahlt, am Ende ist es immer zu wenig. Denn ein Unternehmen, das zu 80 Prozent aus A-Leuten besteht, vielleicht noch 20 Prozent B hat und keine C mehr beschäftigt, ist ein solcher Erfolgsturbo, dass sich alle Ausgaben für die Gehälter von Mitarbeitern und Führungskräften rechnen. Erinnern Sie sich: 99,9 Prozent des Mehrgewinns von Volkswagen im Rekordjahr sind nicht in die Taschen von Martin Winterkorn geflossen, sondern kamen dem gesamten Unternehmen zugute.

Sehr oft stoßen die Meinungen des Finanzvorstands (CFO) und die Meinung des Geschäftsführers (CEO) heftig aufeinander. Der CFO sagt: »Es macht doch keinen Sinn, in teure Weiterbildung zu investieren, wenn die Mitarbeiter dann sowieso gehen.« Der weitsichtige CEO sieht das grundsätzlich anders: »Können wir es uns leisten, Mitarbeiter, die uns erhalten bleiben, nicht weiterzubilden?«

Was ich hier beschreibe, gilt für Unternehmen jeder Größe, vom Konzern bis zum Kleinbetrieb. So erhielt ich zum Beispiel vor kurzem folgende E-Mail von einem Unternehmer, der im Sauerland einen ökologisch orientierten Betrieb für Landschaftsbau mit weniger als 20 Mitarbeitern leitet:

Sehr geehrter Herr Prof. Knoblauch,
bei Ihrem Vortrag … war ich von Ihrer (unmenschlichen) Einteilung
der Mitarbeiter in A, B und C geradezu schockiert. Hatte ich doch
IMMER den Schwachen geholfen, ihre Fehler nicht so schlimm aus-
sehen zu lassen, oder gar selbst ausgebügelt, diese Gruppe unterstützt

usw., um denen zu helfen. Trotzdem habe ich Ihr Paket für ca. 500,-
Euro gekauft, um mehr darüber zu erfahren.
Ihre Sichtweise hat bei mir einen Paradigmenwechsel ausgelöst.
Mit einem Mal sah ich bewusst die schwachen Leistungen der B-
und C-Mitarbeiter und habe konkret daran gearbeitet. Ein B ist defi-
nitiv ein A geworden. Die beiden A-Mitarbeiter sind motivierter und
kommen wieder mit Verbesserungsvorschlägen.
Heute hat der letzte C-Mitarbeiter gekündigt (seit 13 Jahren bei mir).
Seit fast einem Jahr gibt es in meinem Betrieb nun (sonst) keine C-Mit-
arbeiter mehr. Es wurde für diese Mitarbeiter einfach zu ungemütlich.
Jede Trennung fand auf einem höflichen Niveau statt und alles ohne
Anwalt. Und wirtschaftlich: Bestes Ergebnis seit nunmehr 33 Jahren
Selbstständigkeit.

Dieser Betrieb beschäftigt zwei Meister. Wenn dies die beiden Mitarbeiter
sind, die früher immer A-Mitarbeiter waren, aber zwischenzeitlich demo-
tiviert wurden, weil der Chef sich zu sehr um die B und C gekümmert
hat, und wenn der letzte C jetzt weg ist, weil es für ihn zu »ungemütlich«
wurde, dann wundert mich das Rekordergebnis gar nicht. Sobald ein Chef
seine Einstellung ändert und seinen besten Leuten (in diesem Fall den beiden Meistern) alles gibt, was sie brauchen, um noch besser zu werden, statt
die Fehler der C auszubügeln, läuft der Laden besser als je zuvor. Ich weiß
nicht, wie oft mir in den letzten Jahren vorgeworfen wurde, die Einteilung
in ABC sei »unmenschlich«. Da freue ich mich über jeden, der verstanden
hat, warum das nicht stimmt. Chefs, die ihre halbe Arbeitszeit mit den
Schwächen der C verbringen, statt die A herauszufordern und die B auf ein
höheres Niveau zu bringen, verhalten sich vielleicht nicht unmenschlich,
aber ziemlich unmöglich. Sie gefährden das Überleben des Unternehmens.
Und bei einer Pleite stehen am Ende alle mit leeren Händen da.
    Eine Studie der Boston Consulting Group (BCG), an der weltweit
rund 4300 Unternehmens- und Personalverantwortliche teilgenommen
haben, hat gezeigt: Firmen mit einem leistungsfähigen Recruiting haben
ein 3,5fach höheres Umsatzwachstum und eine doppelt so hohe Gewinnmarge wie Unternehmen mit geringeren Fähigkeiten in diesem Bereich.
Keine Frage: Ein solches Recruiting kostet viel Geld. Und das, was Unternehmen potenziellen Fach- und Führungskräften der Güteklasse A bieten

müssen, kostet noch viel mehr. Doch die Investition zahlt sich aus. BCG hat auch jene Unternehmen, die auf langfristige Mitarbeiterbindung setzen, durchleuchtet und herausgefunden: Wer neue Mitarbeiter gekonnt integriert und langfristig binden kann, wächst 2,5-mal schneller beim Umsatz und erzielt eine 1,9-mal höhere Gewinnmarge als Unternehmen mit hoher Fluktuation.

Die Schlagworte für diese Erfolgsfaktoren lauten: Talentmanagement und Führungskräfteentwicklung. Die besten Unternehmen entwickeln ihre Führungskräfte nicht erst, wenn sie irgendwo benötigt werden, um eine Lücke zu füllen, sondern sie integrieren Programme zur Führungskräfteentwicklung systematisch in ihre Personalplanung. Die Höhe des Verdienstes und die Karrieremöglichkeiten von Führungskräften haben dann direkt damit zu tun, wie sehr die Führungskraft wiederum die eigenen Mitarbeiter entwickelt. Entscheidungsgrundlage ist ein transparentes System zur Bewertung von Mitarbeitern und Führungskräften. Kleinere Unternehmen sparen sich das leider oft. Neulich habe ich zum Beispiel eine Veranstaltung für 50 Blumenhändler gemacht, und von denen hatten nur drei ein Beurteilungssystem für ihre Mitarbeiter. Bei Unternehmen mit mehr als 1000 Mitarbeitern haben nach meiner Erfahrung aber 70 bis 80 Prozent ein Beurteilungssystem.

Fünf Gebote, um Talente richtig zu erkennen
Der amerikanische Managementprofessor, Berater und Buchautor Thomas H. Davenport hat einige Grundsätze aufgestellt, wie Sie Talente im Unternehmen richtig analysieren. Ich habe diese Grundsätze auf fünf Gebote reduziert und so angepasst, dass sie auch auf mittelständische Betriebe zutreffen:

1. Nehmen Sie Talentanalysen nicht als Entschuldigung, um Leute übereilt zu feuern. Menschen dürfen nicht wie austauschbare Dinge behandelt werden.
2. Hinterfragen Sie Ihre Methoden immer wieder und modifizieren Sie diese. Halten Sie nicht an einer Messgröße fest, wenn diese dem Unternehmen keinen klaren Nutzen verschafft.
3. Bestehen Sie nicht auf hundertprozentig exakten Daten, bevor eine Analyse akzeptiert wird. Denn dann wird nie eine Entscheidung getroffen.
4. Setzen Sie Potenzialanalysen nicht nur auf unteren Unternehmensebenen ein, sondern auf allen. Behandeln Sie Mitarbeiter und Führungskräfte gleich.

Je mehr wir uns in meiner eigenen Firmengruppe mit dem Thema Personal
und insbesondere Talent befassen, desto mehr zieht ein anderer Geist ein.
Immer mehr Mitarbeiter fangen an, Vorträge zu halten. Nicht nur Mitglieder der Geschäftsleitung, sondern sogar die Auszubildenden. Sie gehen
an Schulen, um unsere Unternehmen den Abschlussklassen vorzustellen.
Ähnliches tun Praktikanten an ihren Universitäten, indem sie unsere Firmen und deren Kultur als Beispiele in ihre Präsentationen einbauen. Junge
Sachbearbeiter machen bei uns nicht Dienst nach Vorschrift, sondern
engagieren sich in Abendkursen und präsentieren dort Beiträge. Nicht zuletzt schreiben Angehörige unserer Firmengruppe heute mehr Bücher als
jemals zuvor – eines davon halten Sie gerade in Händen.

Das alles liegt daran, dass wir konsequent darauf aus sind, die besten
Mitarbeiter und Führungskräfte zu finden und zu halten. Und uns das
auch eine Menge Geld kosten lassen. Wenn Sie einen Einblick bekommen
möchten: *Auf unserem YouTube-Channel tempusconsultingTV finden Sie*
ein Video, das unsere Azubis über ihre Ausbildung gedreht haben. Den
Link dazu finden Sie unter www.die-chef-falle.de. Ich weiß, es ist Werbung
für uns, aber ich bin so stolz auf das, was unsere Auszubildenden machen,
dass ich Ihnen den Link trotzdem nicht vorenthalten will.

Am Anfang dieses Kapitels stand die Frage, ob VW-Chef Martin Winterkorn 17 Millionen Euro im Jahr verdienen darf. Ich habe versucht,
Ihnen meinen Standpunkt zu verdeutlichen, dass Sie den besten Leuten
nie genug bezahlen können. Das gilt für alle Leute im Unternehmen, nicht
nur für die Topmanager. Aber es gilt eben *auch* für die Topmanager. In
meiner Firmengruppe verdient aktuell niemand weniger als 10 Euro die
Stunde. Diese 10 Euro bekommen Schüler, die nachmittags bei uns im
Lager aushelfen. Die Debatte über gesetzliche Mindestlöhne betrifft uns
also gar nicht. Wir wollen überall die Besten haben, von der Schüleraus-

hilfe bis zum Bereichsleiter. Wer als Unternehmer über 8,50 Euro oder 8,60 Euro Mindestlohn feilschen will, der wird mit dieser Einstellung garantiert keine A-Kultur schaffen. Und wo die Mitarbeiter mit Neid auf die Gehälter der Chefs blicken, da herrscht eine solche Kultur auch nicht. Was ist es Ihnen wert, überall nur die besten Leute zu haben – und dadurch die besten Ergebnisse zu erzielen?

Kapitel 5
Das große ABC
Warum nur A-Chefs auch A-Mitarbeiter haben

»Bitte rufen Sie mich an zur Klärung des Beratungsauftrags«, hatte mir der mittelständische Unternehmer per E-Mail geschrieben. Wie immer in einem solchen Fall griff ich sofort zum Telefonhörer. Doch die Assistentin vertröstete mich: Ihr Chef, nennen wir ihn hier einmal Herrn Senker, sei gerade in einer Besprechung. Kein Problem, ich versuchte es nach einer Stunde nochmals. Und dann in Intervallen bis zum Abend. Vergeblich. Am nächsten Tag versuchte ich es erneut. »Herr Senker wird Sie zurückrufen, ich lege ihm einen Zettel hin«, versprach die Assistentin. Als das während der nächsten Stunden nicht geschah, probierte ich es weiter. Immer erreichte ich nur die Assistentin. Am nächsten Tag versuchte ich es frühmorgens, während der Mittagspause und spätabends. Keine Chance. Die Assistentin wurde jetzt langsam ungeduldig: »Nun lassen Sie die Sache doch mal ruhen. Wenn Herr Senker sagt, er ruft Sie zurück, dann ruft er Sie auch zurück.« Ich warte. Nichts passiert.

Tags darauf ein Hoffnungsschimmer: »Es könnte sein, dass ich Herrn Senker um 9 Uhr erwische«, flötet die Assistentin frühmorgens ins Telefon. Da höre ich aus dem Hintergrund die Stimme von Herrn Senker: »Sagen Sie bitte dem Herrn Knoblauch, dass ich so schlechte Mitarbeiter habe, dass ich hier alle Probleme selber lösen muss und jetzt keine Zeit habe, mit ihm zu reden.« Kurze Pause. »Aber ich möchte ihn unbedingt sprechen, ich brauche einen Termin mit ihm!« Daraufhin gibt mir die Assistentin einen Telefontermin – in einem Monat. Ich will mich schon freundlich bedanken, da sagt sie plötzlich noch, sie hätte dann mal eine Stunde geblockt. »Nein, nein«, sage ich, »wir brauchen bestimmt nur zehn Minuten.« Darauf die Assistentin: »Aber Ihren Besuchstermin bei uns, den können wir doch jetzt auch schon eintragen, oder ...?«

»Wie der Herr, so's Gescherr«, lautet ein altes deutsches Sprichwort. Das versteht man heute nicht mehr so ohne weiteres, deshalb habe ich mal geschwind nachgeschlagen: Dieses Sprichwort geht wahrscheinlich auf den Satz »Wie der Herr, so auch der Sklave« aus dem *Satyricon* des römischen Schriftstellers Titus Petronius zurück. Es gab auch ein altgriechisches Sprichwort, das »Wie die Herrin, so die Hündin« lautete. Im Deutschen wurde dann – damit es sich reimt – anstelle des Sklaven beziehungsweise des Haustiers das »Gescherr« benutzt, also das Geschirr, in dem der Untergebene angeschirrt ist. Wenn ich das Sprichwort modernisieren sollte, dann würde ich daraus machen: Wie der Chef, so der Mitarbeiter. Herr Senker ist als Chef ein Chaot, der seine Termine nicht im Griff hat und den kompletten Arbeitstag mit Mikromanagement verbringt. Seine Assistentin ist aus demselben Holz geschnitzt und macht das Chaos nur noch größer. Warum sucht sich Herr Senker keine Assistenz, die es drauf hat und seine Schwächen kompensiert? Ganz einfach: Weil er so schnell keine finden wird! A möchten für A arbeiten. Und nicht für B oder C.

Wer ein Spitzenteam haben will, muss selbst spitze sein

Vielleicht kennen Sie den amerikanischen Spruch: »As hire As, Bs hire Cs.« Also: A-Chefs stellen A-Mitarbeiter ein, B-Chefs stellen C-Mitarbeiter ein. Warum sich A-Chefs gerne mit A-Mitarbeitern umgeben, ist klar: Sie sind einfach spitze, stellen höchste Ansprüche an die eigene Arbeit und andere und wollen deshalb auch ein Spitzenteam führen. Oder können Sie sich vorstellen, dass José Mourinho demnächst als Trainer zu einem Drittligisten wechselt? Bleibt die Frage, warum B-Chefs zu C-Mitarbeitern greifen. Antwort: Wer mittelmäßig ist, fühlt sich von guten Leuten oft bedroht. Schlechte Chefs haben typischerweise ein schwaches Selbstwertgefühl und fühlen sich besser, wenn sie auf Untergebene herabschauen können. Je tiefer, desto besser. Deshalb lieben B-Chefs C-Mitarbeiter. Das Gefälle beruhigt sie.

Ich würde das Ganze nicht so zuspitzen wie die Amerikaner und eher sagen: B-Chefs stellen entweder – überteuerte – B-Mitarbeiter ein oder nehmen gleich einen C. Aber eines ist klar: B-Chefs haben niemals A-Mitarbeiter. Ich könnte Ihnen Dutzende Beispiele aufzählen, die zeigen: Nur wer top ist, kann auch Topleute anziehen und Topleute ausbilden. Das bestätigt auch Susanne Ottmar, selbstständige Personalberaterin im Bereich Executive Search: »Mittelmäßige Chefs können gute Mitarbeiter nicht ertragen. Sie wollen lieber Mitarbeiter, die mittelmäßig bis schlecht sind, weil diese ihnen das Gefühl geben, besser zu sein.«

Dazu schrieb mir Susanne Ottmar vor ein paar Monaten folgende selbst erlebte Geschichte: Die Beraterin war in einem Fahrradgeschäft. Der Chef kam auf sie zu und fragte, ob er helfen könne. Auf die Frage nach Werkzeug sagte er: »Für Werkzeug ist der Junior-Chef zuständig.« Da dieser aber nirgends zu sehen war, holte er das Werkzeug selbst. Als er wiederkam, fragte Frau Ottmar ihn, warum er nicht mehr delegiere. Der Chef schüttelte den Kopf und sagte, dass ohnehin so gut wie niemand das mache, was er angewiesen bekäme. Der Azubi zum Beispiel sollte für alle Essen organisieren. Da hatten dann alle was – bis auf den Chef, denn den hatte der Azubi vergessen. Der Chef meinte dazu nur, da könne er nichts machen, er habe eben nur schlechte Mitarbeiter.

Susanne Ottmar fragte sich da: »Kann ein B-Chef überhaupt etwas mit einem A-Mitarbeiter anfangen? Oder: Kann ein B-Chef überhaupt A-Mitarbeiter finden?« Kein A-Mitarbeiter werde in einem Unternehmen wie diesem Fahrradgeschäft glücklich. »Das ist«, fährt Frau Ottmar fort, »wie wenn ein Fitnesstrainer mit Schwabbelbauch neue Kunden sucht. Ein A-Mitarbeiter wird sich schnell nach einem anderen

Unternehmen umschauen oder er stumpft ab. Das ist wie mit hochbegabten Schülern, die schlechte Noten schreiben, obwohl sie einen überdurchschnittlichen IQ haben. Sie verweigern Leistung, weil die geeignete Plattform fehlt.«

Dilbert und sein unfähiger Chef
Die von Scott Adams entwickelte Comicfigur »Dilbert« erschien 1993 zum ersten Mal in einer amerikanischen Lokalzeitung. Heute drucken weltweit etwa 2000 Tageszeitungen regelmäßig Dilbert-Cartoons ab.

Dilbert arbeitet als Ingenieur im Großraumbüro einer Firma, deren Produkte nie ausdrücklich genannt werden, die aber bei Tests immer auf dem letzten Platz landen. Dilberts Markenzeichen ist die hochstehende Krawatte. Er arbeitet unter einem unfähigen Chef, erkennbar an seinen wie Hörner abstehenden schwarzen Haarbüscheln, dessen Führungsqualitäten gleich null sind. Trotz totaler Abwesenheit von Fachkompetenz hat der Chef zu allem eine Meinung und stellt seinen Mitarbeitern unlösbare Aufgaben. Er ist immer auf dem neusten Stand, was technische Geräte angeht, aber mit deren Bedienung vollkommen überfordert. Genauso ist er völlig auf die eigenen Produkte fixiert, ohne sich um die Probleme bei deren Entwicklung zu kümmern. Dilbert reagiert darauf mit einer Mischung aus Zynismus und systematischer Leistungsverweigerung.
    Jede Ähnlichkeit zwischen Dilbert, seinem Chef und dem Personal in den realen Unternehmen dieser Welt ist selbstverständlich reiner Zufall ...

Die Beraterin Susanne Ottmar ist selbst das beste Beispiel für unser Thema. Sie war Personalerin in mehreren Unternehmen und hat sich selbstständig gemacht, weil sie von schlechten Chefs genervt war. Jetzt, da sie ihre eigene Chefin ist, geht es ihr endlich gut. Das Fazit ihrer Erfahrungen als Angestellte fällt so aus:

Ich habe gelernt: Geschäftsführer wollen gar keine A-Mitarbeiter, sondern sie wollen im Kern nur »Bewunderer«. A-Mitarbeiter sind für sie der pure Stress. A-Mitarbeiter wollen durch Leistung überzeugen, das aber stößt bei solchen Chefs auf Widerstand.

Chefs, die Bewunderung suchen, dürfen sich nicht wundern, wenn ihnen die wirklichen A davonlaufen und zum Schluss nur noch diese Bewunderer bleiben.

Solche B- und C-Chefs merken gar nicht, dass sie irgendwann nur noch Bewunderer haben, also B- und C-Mitarbeiter. Damit merkt niemand, dass sie nichts können, außer eben ihren Chef zu bewundern. Wenn es aber mal so weit ist, dass ein B-Chef sich mit seinen C-Mitarbeitern glücklich schätzt, passieren Fehler ohne Ende und die Insolvenz ist nicht mehr weit.

Da schnappt sie wieder zu, die Chef-Falle. Schlechte Führungskräfte ruinieren ihr Unternehmen nicht zuletzt deshalb, weil sie genauso schlechte oder noch schlechtere Mitarbeiter einstellen.

Nur wer aufs richtige Pferd setzt, gewinnt

Es war ein trauriger Abschied vor dem Rennstall in Köln, als die fünfjährige Stute Danedream auf den Weg nach Japan gebracht wurde. So endete die Karriere des erfolgreichsten deutschen Rennpferds aller Zeiten. Im Herbst 2011 hatte das Pferd den französischen »Prix de l'Arc de Triomphe« gewonnen. Im Sommer darauf siegte die Stute in Ascot bei den »King George VI & Queen Elizabeth Stakes«. Damit ist Danedream die erste Stute, die beide prestigeträchtigen Wettbewerbe gewinnen konnte. Bei der Wahl zum »Galopper des Jahres« erhielt Danedream 2011 rund 90 Prozent der abgegebenen Stimmen und somit die meisten seit Einführung der Abstimmung im Jahr 1957. Insgesamt holte die Stute in drei Jahren mehr als 3,7 Millionen Euro an Preisgeldern. 16 Starts, sieben Siege. Mindestens so interessant wie das Ende ist der Beginn ihrer Karriere: Danedreams Besitzer, ein Möbelhändler, ersteigerte die Stute 2010 für nur 9000 Euro bei einer Auktion. Der Züchter hatte nicht erkannt, welchen Schatz er hatte, und wollte diese Stute und auch ihre Mutter unbedingt loswerden.

Wie das Pferd, so der Mensch: Selbst Topheadhunter tun sich oft außerordentlich schwer, eine A-Führungskraft oder einen sogenannten High Potential zu erkennen. Auch Profis sehen manchmal nur unscharf, wen sie vor sich haben. Viel zu oft lassen selbst sie sich von heutigen oder früheren namhaften Arbeitgebern oder renommierten Ausbildungsstätten blenden. Getreu dem Werbespot-Klassiker für eine Schokopraline: »Von Ferrero – muss ja gut sein!« Leider sagt es über die Qualitäten von Führungskräften wenig aus, bei welchen namhaften Unternehmen sie während ihrer Karriere schon einmal Station gemacht haben. Einen Mitarbeiter darf man nie daran messen, aus welcher Firma er kommt. Glauben Sie denn wirklich, dass, wenn jemand aus einer berühmten Firma kommt, das irgendetwas mit seiner Leistung zu tun hat (Halo-Effekt)? Es könnte doch sein, die Firmenkultur war super, aber der Mitarbeiter war eine Niete. Deswegen ist er auch nicht mehr dort. Oder umgekehrt: Die Unternehmenskultur des früheren Unternehmens war Schrott und trotzdem ist der Mitarbeiter ein A-Mitarbeiter.

Auswahlkriterien, so objektiv wie Voodoo

Der amerikanische Führungs- und Personalexperte Geoff Smart, Autor des Bestsellers *Who? The A Method for Hiring* (übersetzt: »Wer? Die A-Methode der Personalauswahl«), stellt eine spannende Parallele zwischen Business und Politik her: Wenn in den demokratischen Ländern die Politik immer mehr versagt, dann liegt das nicht an den Strukturen der Demokratie, sondern daran, dass wir Wähler »schlechte Chefs« wählen, nämlich unfähige Politiker. Diese können ein Land genauso ruinieren, wie schlechte Führungskräfte ein Unternehmen in die Pleite treiben. In seinem Buch *Leadocracy* schreibt Geoff Smart: »Heute suchen sich Wähler ihre Spitzenpolitiker anhand von Kriterien aus, die nichts mit dem zu tun haben, wie gut eine bestimmte Person diesen Job erledigen wird. Und deshalb geht im Ergebnis so viel schief.«

Wer den Politiker mit den besten Anzügen, dem sympathischsten Lächeln, der attraktivsten Ehefrau, den meisten Versprechungen und den schlagfertigsten Antworten in der Talkshow wählt, sollte sich eigentlich nicht wundern, wenn dieser dann während einer politischen Krise die komplett falschen Entscheidungen trifft. Denn auf die Lösungskompetenz für Probleme wurde bei der Wahl ja nicht so viel Wert gelegt. Geoff Smart spricht von »Voodoo«-Kriterien, wenn alles nur fauler Zauber ist. Wir stellen Vermutungen an, statt nach objektiven Kriterien zu gehen. Geoff Smart sagt, uns leiten viel zu oft die folgenden Maßstäbe, wenn es darum geht, zu beurteilen, ob jemand ein guter Politiker ist (vgl. *Leadocracy*, S. 114):

- Wir fragen uns zu sehr, ob eine Person uns menschlich sympathisch ist.
- Rhetorische Fähigkeiten werden überbewertet. Wir halten gute Redner für besonders kompetent, obwohl zwischen Redetalent und Kompetenz kein Zusammenhang besteht.
- Wir urteilen zu sehr nach der Meinung einer Person zu unseren speziellen »Lieblingsthemen«, statt das große Ganze zu sehen.
- Gutes Aussehen spielt eine zu große Rolle. Wir wollen von attraktiven statt von kompetenten Menschen geführt werden.
- Wir fühlen uns wohl, wenn eine Person an der Spitze uns das Gefühl gibt, unsere Probleme zu *verstehen*, statt uns zu fragen, ob die Person unsere Probleme *lösen* kann.

Was Geoff Smart hier beschreibt, sind genau die Mechanismen, die B an der Spitze und ihre B und C als Mitarbeiter immer wieder zusammenführen. Nach Smart sollte es stattdessen bei der Auswahl von Führungskräften – egal, ob in Politik oder Wirtschaft – vor allem um eine Frage gehen: Hat diese Person die nötigen Kenntnisse und Erfahrungen, aus denen sich schließen lässt, dass sie für die anstehende Führungsaufgabe geeignet ist?

Erfolgsfaktor mehrstufiger Einstellungsprozess

Seit Jahren kämpfe ich gegen »Voodoo« bei der Auswahl und Bewertung von Mitarbeitern und Führungskräften. Ein Unternehmen, das ausschließlich A-Chefs und zu mindestens 80 Prozent A-Mitarbeiter haben möchte, braucht zwei Dinge: erstens einen mehrstufigen Einstellungsprozess. Und zweitens regelmäßiges, objektives Feedback in zwei Richtungen: Chefs bewerten ihre Mitarbeiter, genau wie im Gegenzug Mitarbeiter ihre Chefs bewerten. Die Ergebnisse *beider* Befragungen sind dabei verbindlich, das heißt, schlechte Bewertungen ziehen zwingend Folgen nach sich. Punkt zwei behandle ich im nächsten großen Abschnitt dieses Kapitels. Punkt eins und die erste Gelegenheit für Objektivität statt »Voodoo« ist der Einstellungsprozess. Egal, ob ein Geschäftsführer im Mittelstand die Stelle der Assistenz besetzen muss oder der Verwaltungsrat eines Großunternehmens einen neuen CEO sucht – stets wird derjenige einen hohen Preis zahlen, der sich blenden lässt, statt einem Kandidaten hartnäckig auf den Zahn zu fühlen.

B-Chefs gehen Bewerberinterviews in der Regel ganz locker an. Sie haben sich Fragen zurechtgelegt, mit denen sie sich selbst wahnsinnig intelligent vorkommen. Leider führen diese Fragen nicht zu belastbaren Antworten. Da wird dann zum Beispiel gefragt: »Wenn Sie sich mit einem Tier vergleichen müssten, sind Sie dann eher eine Ameise oder ein Igel?« Klar, die Ameise ist flinker als ein Igel und arbeitet mit vielen anderen perfekt zusammen. Trotzdem wird der Bewerber später kaum zur Ameise mutieren, bloß weil ihm das Tier sympathisch ist. Für seine Sympathie kann es auch tausend andere Gründe geben als seine eigene Emsigkeit und Teamfähigkeit. Das meiste von dem, womit uns laut Geoff Smart schlechte Politiker beeindrucken, blendet auch schlechte Chefs im Bewerbungsgespräch. Also beispielsweise gutes Aussehen, eine sympathische Ausstrahlung oder rhetorisches Geschick. Hinzu kommen noch einige weitere »Voodoo«-Kriterien, die B- und C-Mitarbeiter in die Arme von B-Chefs treiben:

- Strahlender Optimismus und unerschütterliche Erfolgsgewissheit kommen bei Chefs immer gut an. (Leider kann ein Bewerber auch einfach nur blauäugig sein oder sich selbst überschätzen. Selbstkritische, die Dinge realistisch einschätzende Menschen haben manchmal mehr Erfolg.)
- Wer eine markante Meinung vertritt und diese auch noch mit aktuellen Informationen aus den Wirtschaftsmedien belegen kann, sammelt schnell Pluspunkte. (Dabei wird gerne übersehen, wie gut jemand über die Firma informiert ist, bei der er arbeiten möchte.)
- Sportskanonen haben typischerweise die Nase vorn. (Pech, wenn sie dann später Dienst nach Vorschrift machen, weil der Job für sie nur Mittel zum Zweck ist, um teure Sportarten zu finanzieren.)

- Wer dem Interviewer emotionale Aufmerksamkeit schenkt, angenehmen Blickkontakt hält, ihn immer wieder mit Namen anspricht und dessen Scherze zum Brüllen komisch findet, hat den Job manchmal schon so gut wie sicher. (Dumm nur, dass diese Gabe, Menschen für sich zu gewinnen, nichts über Lösungskompetenz oder Ausdauer aussagt.)

Wer bei »Voodoo«-Interviews eine gute Figur macht, ist also nicht notwendigerweise jemand, der eine gute Leistung bringt. Die Leistungsträger können Sie nur in einem mehrstufigen Einstellungsprozess Schritt für Schritt herausfiltern. Meine Unternehmensgruppe sowie viele unserer Kunden wenden seit Jahren einen neunstufigen Einstellungsprozess an, wie er in der Pyramide in Abbildung 4 dargestellt ist. Je mehr Führungsverantwortung ein neuer Mitarbeiter haben wird, desto mehr Zeit ist für den Gesamtprozess einzuplanen. *Die Druckversion der Pyramide finden Sie unter www.die-chef-falle.de.*

Sie beginnen immer mit dem Anforderungsprofil: Was genau wird an einem bestimmten Arbeitsplatz erwartet? Schon für eine einfache Tätigkeit sind 2 bis 3 Stunden Vorbereitungszeit nötig. Wird ein Topmanager gesucht, dann setzt sich das übrige Managementteam mindestens einen ganzen Tag lang zusammen, um die Anforderungen an den zukünftigen Kollegen zu definieren. Im zweiten Schritt aktiviert die Firma ihr Netzwerk. Die besten Unternehmen schauen sich nicht erst dann nach neuen Leuten um, wenn eine Vakanz entsteht, sondern haben immer verschiedene Personen »auf dem Schirm«. Jeder Bewerber erhält erst einmal einen Personalfragebogen, den er ausgefüllt zurücksenden muss. Das hilft, die Daten zu vereinheitlichen und gleichzeitig die Bewerberanzahl zu reduzieren.

Die erste persönliche Kontaktaufnahme erfolgt immer telefonisch. Telefoninterviews von etwa 20 bis 30 Minuten Dauer und anhand eines strikten Leitfadens ermöglichen es im vierten Schritt, die Anzahl der Bewerber auf die drei bis vier besten zu reduzieren. Diese Bewerber werden dann zu einem persönlichen Gespräch eingeladen. Auch dieses Gespräch folgt einem Leitfaden und dauert mehrere Stunden. Mehrere Mitarbeiter des Unternehmens sollten daran teilnehmen und anschließend ihre Beobachtungen austauschen. Im sechsten Schritt geht es dann darum, Referenzen einzuholen.

Drei bis fünf Telefonate mit früheren Arbeitgebern beziehungsweise Vorgesetzten des Bewerbers sind Pflicht. Im siebten Schritt steht dann die Entscheidung für einen Favoriten an, und das wieder anhand klar vorgegebener Kriterien. Der Favorit muss nun im achten Schritt »gewonnen« werden. Gehen Sie davon aus, dass Topleute sich heute ihre Arbeitgeber aussuchen können. Hier müssen Sie Ihre Firma und den Job, den Sie zu vergeben haben, also noch mal gut »verkaufen«. Die neunte und letzte Stufe ist schließlich die Probezeit. Sie sollte klare Meilensteine umfassen, um die Entscheidung zu verifizieren.

Immer wieder mal werde ich mit dem Vorwurf konfrontiert, dieser neunstufige Einstellungsprozess sei unmenschlich, da er unnötigerweise hart ist. Ein Unternehmer, der unsere Personal-Toolbox mit allen Leitfäden und Testfragen gekauft und ausprobiert hatte, gab mir vor drei Jahren sogar folgendes Feedback: »Menschlichkeit und damit verbundene Ehrlichkeit und Loyalität bleiben ganz sicher oft auf der Strecke. Nur überdurchschnittliche Leistung und hoher Arbeitseinsatz werden wirklich bewertet. Genau wie dieses neunstufige Auswahlverfahren ist auch die gegenwärtige Geschäftswelt – eiskalt.« Jeder hat das Recht auf seine Meinung, aber hier kommen wir nicht zusammen.

Ich frage: Ist es »menschlicher«, wenn Mitarbeiter aufgrund ihres guten Aussehens, ihres Lächelns oder ihres rhetorischen Geschicks eingestellt werden, so wie es nachweislich Chefs in Unternehmen machen, die keine mehrstufigen Einstellungsprozesse nutzen? Sind schlechte Mitarbeiter »ehrlicher« und »loyaler« als gute? (In meinem Buch *Die Personalfalle* können Sie nachlesen, dass genau das Gegenteil stimmt – der C-Mitarbeiter ist am wenigsten ehrlich und loyal.)

Schließlich: Was außer Leistung und Arbeitseinsatz soll denn sonst bewertet werden? Etwa die politische Einstellung oder die Fähigkeiten im Geräteturnen? Mitarbeiter werden eingestellt, um am Arbeitsplatz eine Leistung zu erbringen. Dass das Leben nicht nur aus Arbeit besteht, sondern es auch noch Familie, Freunde, Kirche oder soziales Engagement gibt und dort andere Regeln gelten, bestreitet ja niemand. Trotzdem geht es im Job um Leistung. Exzellente Firmen sind nicht unmenschlich, sondern konsequent. Wo Chefs Mitarbeiter willkürlich statt strukturiert und begründet auswählen, da schnappt die Chef-Falle zu. Dort gilt dann tatsächlich oft der Satz: »B stellen C ein.«

Abbildung 4: Der neunstufige Einstellungsprozess der tempus GmbH

Nicht nur Mitarbeiter, sondern auch Chefs regelmäßig bewerten

Immer wieder erlebe ich in kleinen und mittelständischen Betrieben folgende Situation: Es haben mehr Mitarbeiter eine Meisterprüfung abgelegt, als Meister mit Führungsverantwortung gebraucht werden. Manchmal haben von fünf Industriemechanikern drei einen Meisterbrief zu Hause liegen. Klar, dass da jeder zum Gruppenleiter befördert werden und entsprechend mehr verdienen möchte. Hat die Geschäftsführung tatsächlich die Möglichkeit zu einer Beförderung, dann nimmt sie typischerweise den fachlich besten Mechaniker. Damit liegt sie regelmäßig voll daneben, weil der fachlich Beste oft keinerlei Kommunikationsfähigkeit besitzt. Er kommt dann zum Beispiel aus dem wöchentlichen Jour fixe mit der Geschäftsleitung, die Mitarbeiter in seiner Gruppe sehen ihn fragend an und er sagt nur so etwas wie: »Geht mal zurück an die Arbeit und schraubt weiter!« Genau dasselbe – nämlich weiterschrauben – macht er dann auch. Er ist ein guter Mechaniker, aber als Vorgesetzter eine Niete.

Das Tragische ist nun: In gut einem Drittel aller Firmen wird ein solcher Teamleiter zwar seine Mitarbeiter regelmäßig bewerten, aber nur in etwa 10 Prozent der Unternehmen bewerten seine Mitarbeiter auch ihn. Denn 35 Prozent aller Unternehmen haben einen Mitarbeiterbeurteilungsbogen, aber nur 10 Prozent der Unternehmen einen Führungskräftebeurteilungsbogen. Die Chance beträgt also 90 Prozent, dass die Geschäftsleitung niemals erfährt, was für ein schlechter Vorgesetzter der Gruppenleiter aus Sicht seiner Mitarbeiter ist.

Würde der Geschäftsführer die Situation klar erkennen, dann könnte er zu dem Meister sagen: »Wir lassen dir dein Mehrgehalt, aber bitte sieh ein, dass es mit der Mitarbeiterführung nicht geklappt hat, und lass einen Kollegen ran.« Zu solchen Korrekturen kommt es in Deutschland leider selten. Im Gegensatz zu den USA wird in Deutschland oft vorschnell befördert, aber nur zögernd entlassen und sehr selten zurückgestuft.

Leistungsbeurteilung für Führungskräfte

In meinem Buch *Die Personalfalle* habe ich einen Leistungsbeurteilungsbogen für Mitarbeiter beschrieben, den wir bei tempus entwickelt haben und regelmäßig einsetzen. Der Bogen ist einfach aufgebaut und umfasst insgesamt 13 Kriterien, unter anderem Fachkenntnis, Einsatzbereitschaft, Zusammenarbeit, Arbeitstempo, Arbeitsqualität, Selbstständigkeit, Kundenbezug oder Einstellung zu Zielen (vgl. *Die Personalfalle*, S. 97 ff.). Er hat eine Vorder- und eine Rückseite. Zunächst füllt der Mitarbeiter den gesamten Bogen aus. Das ist die Selbstbewertung. Dann füllt der Vorgesetzte nur die Vorderseite des Bogens im Hinblick auf den Mitarbeiter aus. Das ist die Fremdbewertung. Anschließend müssen beide miteinander sprechen, um sich auf eine Note zu einigen. *Den Leistungsbeurteilungsbogen für Mitarbeiter können Sie kostenlos auf der Website www.die-personalfalle.de herunterladen (unter Menüpunkt »Downloads« die Nr. 10).*

Die Leistungsbeurteilung im Unternehmen bleibt gefährlich unvollständig, solange sämtliche Vorgesetzten und Führungskräfte nun nicht ebenfalls von ihren Mitarbeitern regelmäßig und exakt bewertet werden. In Abbildung 6 sehen Sie den Führungskräftebeurteilungsbogen, den wir dazu bei tempus einsetzen. *Wenn Sie den Leistungsbeurteilungsbogen für*

Führungskräfte digital haben möchten, können Sie diesen kostenlos auf *der Website www.die-chef-falle.de herunterladen.*  Bei uns im Haus wird dieser Fragebogen nur alle zwei Jahre eingesetzt, da wir kaum Wechsel bei den Führungskräften haben. Die Ergebnisse werden hausintern veröffentlicht. Es gilt die Regel: Wenn eine Führungskraft mit einer Note schlechter als 2,5 beurteilt wird, dann sollte sie möglichst die Firma verlassen. Als Inhaber des Unternehmens werde ich genauso beurteilt wie alle anderen auch. In Kapitel 1 habe ich Ihnen bereits gebeichtet, dass ich dabei vor einigen Jahren einmal beinahe durchgefallen wäre.

Wie Sie in Abbildung 5 erkennen können, ist der Beurteilungsbogen für Führungskräfte sehr einfach auszufüllen. Die Mitarbeiter geben ihren Chefs Schulnoten von »1« bis »5«, jedoch nicht willkürlich, sondern anhand klar vorgegebener Kriterien. Ist ein Chef beispielsweise bei Diskussionen mit Mitarbeitern ungeduldig und unterbricht er die Diskussion häufig, hat er nicht mehr als eine »4« verdient. Neigt er zusätzlich noch dazu, das Thema zu wechseln, muss der Mitarbeiter ihm eine »5« geben. Eine »1« bekommt dagegen ausschließlich der Chef, der die Mitarbeiter jederzeit fair und respektvoll behandelt. Ausreden lassen und beim Thema bleiben, gehört zwingend dazu, wie aus den Kriterien für die Noten »2« und »3« problemlos ersichtlich ist. Die Durchschnittsnote entscheidet am Ende über A, B oder C:

- Durchschnittsnote 1,0 bis 1,99: A-Führungskraft
- Durchschnittsnote 2,0 bis 2,99: B-Führungskraft
- Durchschnittsnote 3,0 bis 5,0: C-Führungskraft

Liegen die Ergebnisse sowohl der Mitarbeiterbefragung als auch der Führungskräftebefragung vor, so können Sie diese in einer Führungskräftematrix zusammenführen, wie sie in Abbildung 6 beispielhaft dargestellt ist. Die x-Achse bildet die Mitarbeiterbeurteilung ab, die y-Achse die Führungskräftebeurteilung. Nehmen wir einmal an, Herr Zunder ist ein fachlich versierter Industriemeister, der zum Gruppenleiter befördert wurde. Seine Mitarbeiterbeurteilung ist sehr gut ausgefallen. Seine Führungskräftebeurteilung fällt aber nun sehr schlecht aus, da er mit den Mitarbeitern kaum kommuniziert. Er liebt es, an Maschinen zu schrauben, aber er hat kein Interesse, seine Kollegen zu entwickeln. Die Führungskräftematrix führt der Geschäftsleitung diesen Widerspruch klar vor Augen.

Vorgesetztenbewertung

tempus.
Akademie & Consulting

Freiwillig – Zutreffendes bitte ankreuzen!

☐ Bogen soll für den Vorgesetzten kopiert werden

☐ Gespräch erwünscht

☐ Gespräch möglich, wenn der Vorgesetzte Fragen hat

Ihr Name: ....

Durchschnittsnote:
1,00–1,99
A-Führungskraft

2,00–2,99
B-Führungskraft

3,00–5,00
C-Führungskraft

	Note 5	Note 4	Note 3	Note 2	Note 1	Note
1 **Festlegung der Anforderungen/ Erwartungen**	Informiert nicht über Ziele und Aufgaben-schwerpunkte	Gibt sporadische Ziele und Aufgaben-schwerpunkte vor	Legt in der Regel Ziele und Aufgaben-schwerpunkte fest	Vereinbart mit den Mitarbeitern Ziele und Aufgaben-schwerpunkte	Gibt den Mitarbeitern durch steigende Anforderungen die Chance zu wachsen	
2 **Information über Firmenziele**	Informiert nicht über die Firmenziele	Informiert nur auf Nachfrage der Mitarbeiter über die wichtigsten Firmenziele	Informiert automatisch über die wichtigsten Firmenziele	Informiert über alle Firmenziele, mit den entsprechenden Erläuterungen	Lässt die Mitarbeiter an Diskussionen teilnehmen und gibt Ihnen Mitgestal-tungsmöglichkeiten	
3 **Übermittlung von Informationen**	Übermittelt keine Informationen an die Mitarbeiter	Gibt Informationen nur unvollständig weiter, hält teilweise Informationen zurück	Gibt Informationen vollständig aber meist verspätet und manchmal unklar weiter	Gibt Informationen vollständig und rechtzeitig weiter	Informiert die Mitarbeiter über alle Geschäfts-vorgänge, lässt sie Fragen stellen und mitdenken	
4 **Kritik-Feedback an den Mitarbeiter**	Äußert in keinster Weise Kritik, zeigt keinerlei Interesse	Äußert häufig nur abwertende Kritik, will nur die Schuldfrage klären	Äußert Kritik jeder Art, will die Schuldfrage klären und sucht manchmal auch eine Lösung	Äußert stets aufbauende Kritik, ist an Ursache und Lösung interessiert	Kritisiert stets taktvoll, immer unter 4 Augen und stellt sich bei Kritik von außen vor die Mitarbeiter	
5 **Umgang mit eigener Kritik/ Eingestehung von Fehlern**	Kann keine Fehler eingestehen und reagiert mit starker Gereiztheit auf Kritik	Ist selten bereit über Kritik zu reden, gesteht nur selten Fehler ein	Ist gereizt bei Kritik, aber bereit darüber zu reden. Gesteht Fehler erst nach überzeugenden Argumenten ein.	Ist bereit über Kritik zu reden und gesteht eigene Fehler ein	Nimmt die Kritik an und konzentriert sich darauf, Schwächen schnell zu minimieren	
6 **Offenheit für Ideen der Mitarbeiter**	Blockt kreative Ideen von Anfang an ab	Akzeptiert nur für sie direkt sinnvolle Entscheidungen	Nimmt kreative Ideen zur Kenntnis respektiert sie aber nicht immer	Ist immer offen für kreative Ideen	Fragt bei vielen Themen nach der Meinung der Mitarbeiter	
7 **Verhalten bei Diskussionen**	Ist ungeduldig und neigt dazu, völlig am Thema vorbei zu argumentieren	Ist ungeduldig und unterbricht öfter die Diskussion	Argumentiert themenbezogen aber unterbricht manchmal die Diskussion	Nimmt angemessen Stellung und lässt andere ausreden	Behandelt die Mitarbeiter in Diskussionen jederzeit fair und respektvoll	
8 **Vermittlung des eigenen Standpunktes**	Versucht die eigene Vorstellung mit Drohungen und Druck durchzusetzen	Versucht öfter die eigene Vorstellung mit Druck statt mit Argumentation durchzusetzen	Versucht die eigene Vorstellung häufiger durch Argumentation als mit Druck durchzusetzen	Versucht die eigene Vorstellung stets mit Argumentation durchzusetzen	Argumentiert stets auf Augenhöhe. Die besten Argumente entscheiden, egal von wem die Idee stammt.	
9 **Ansprechpartner für Mitarbeiter**	Ist so gut wie nie ansprechbar für die Mitarbeiter	Ist manchmal ansprechbar, aber eher selten	Ist zu sprechen, aber nur wenn es wirklich wichtig ist	Ist jederzeit für die Mitarbeiter zu sprechen	Geht von selbst auf die Mitarbeiter zu und fragt, ob er helfen kann	
10 **Umgang mit persönlichen Problemen der Mitarbeiter**	Ist nicht in der Lage, verständnisvoll zuzuhören und weicht aus	Stellt sich der Situation, kann aber nur schlecht zuhören	Stellt sich der Situation, hört zu und zeigt auch Verständnis	Sucht das Gespräch mit den Mitarbeitern und unterstützt bei der Lösung	Bietet den Mitarbeitern jederzeit Hilfe an, wenn sie persönliche Probleme haben	
11 **Vertrauen in Mitarbeiter/ Handlungs-spielraum**	Ermöglicht kein selbstständiges Arbeiten und hat kein Vertrauen in die Arbeit der Mitarbeiter	Ermöglicht wenig selbstständiges Arbeiten und hat wenig Vertrauen in die Arbeit der Mitarbeiter	Ermöglicht selbst-ständiges Arbeiten im festgelegten Hand-lungsspielraum. Stückweise Vertrauen in die Arbeit der Mitarbeiter	Regt zu selbst-ständigem Arbeiten an mit freiem Handlungs-spielraum und zeigt Vertrauen in die Arbeit der Mitarbeiter	Erweitert systematisch den Handlungsspielraum der Mitarbeiter. Vertraut ihnen, auch wenn Fehler auftreten.	

Bitte wenden! Auf der Rückseite geht es weiter.

Zwischensumme:

	Note 5	Note 4	Note 3	Note 2	Note 1	Note

Abbildung 5: Der Leistungsbeurteilungsbogen für Führungskräfte von tempus

12 Leistungs-beurteilung/ Anerkennung	Beurteilt sehr ungerecht, Leistung wird nicht anerkannt und ist für sie keinerlei Beachtung wert	Schenkt einer herausragenden Leistung ein wenig Anerkennung und Beachtung	Beurteilt mehr gerecht als ungerecht, und schenkt Leistungen öfters Beachtung	Bringt der Leistung der Mitarbeiter stets die angemessene Anerkennung und Beachtung entgegen	Spornt die Mitarbeiter durch Beurteilung und Anerkennung an, auch neue Dinge ohne Angst zu versuchen	
13 Förderung und Unterstützung bei Qualifizierung und Entwicklung der Mitarbeiter	Zeigt keinerlei Interesse an der Förderung oder Unterstützung der Mitarbeiter	Unterstützt die Mitarbeiter erst auf ihren direkten Wunsch	Unterstützt in Ausnahmefällen von sich aus ohne vorherigen Wunsch der Mitarbeiter	Ist daran interessiert, die Mitarbeiter zu unterstützen und tut dies selbstständig	Unterstützt gezielt und systematisch die Entwicklung der Gaben und Talente der Mitarbeiter	
14 Schaffung von Arbeitsklima	Hat kein Interesse an einem angenehmen Arbeitsklima	Schafft manchmal ein angenehmes Arbeitsklima	Schafft ein Umfeld, das die Mitarbeiter bei der Arbeit eher motiviert als demotiviert	Schafft ein höchst produktives und gleichermaßen angenehmes Umfeld	Schafft ein Umfeld in dem Erfolgserlebnisse und Spaß bei der Arbeit an der Tagesordnung sind	
15 Umgang mit Arbeitsbelastung der Mitarbeiter	Achtet nicht darauf, ob der Mitarbeiter mit seinen Aufgaben überfordert ist, und gibt ihm ständig neue Projekte zum Bearbeiten	Erkennt die Belastungsgrenze, probiert aber oft, die Grenze weit zu überschreiten auf Kosten des Mitarbeiters	Achtet in den meisten Fällen darauf, die Belastungsgrenze einzuhalten, aber erst wenn es keine andere Lösung gibt	Achtet darauf die Belastungsgrenze einzuhalten, ergreift die Chance die Grenzen angemessen zu erweitern, wenn der Mitarbeiter es akzeptiert	Ist bemüht, die Mitarbeiter mit Projekten in zu bewältigender Zahl zu beauftragen, und gewährt Freizeit in angemessenem Rahmen	
16 Kunden-orientierung des Vorgesetzten	Sieht Kundenorien-tierung nicht als seine Aufgabe an	Sieht Kundenorien-tierung als wichtig an aber nicht als seine Aufgabe	Sieht Kundenorien-tierung als wichtig an, und auch als seine Aufgabe, hat aber nur wenig Zeit dafür	Ist immer bereit zu helfen und die Kunden-orientierung zu fördern	Lebt, fordert und fördert die Kunden-orientierung auch intern unter Kollegen	
17 Leben und Fördern einer Kultur der „ständigen Verbesserung"	Hält an der bestehenden Kultur fest und duldet keine Änderungen	Verhält sich gegenüber Verbesserungen kritisch und lehnt sie in der Regel ab	Verbesserungen werden eher abgelehnt, außer die Führungskraft ist wirklich überzeugt	Ist offen für Vorschläge, die eine Verbesserung bewirken können	Ist „100 %iger Fan", will bestehende Gegeben-heiten grundsätzlich verbessern, wenn es die Möglichkeit gibt	
18 Leben/Fördern der Unternehmens-philosophie (z.B: 33 Rosen, Werte, Büro-Kaizen)	Es ist keine Unternehmens-philosophie vorhanden	Lebt oder fördert die bestehende Unternehmens-philosophie nicht	Lebt die Unternehmens-philosophie, kann aber die Mitarbeiter nicht davon überzeugen	Lebt und fördert die bestehende Unternehmens-philosophie	Lebt die Unternehmens-philosophie zu 100 % mit den Mitarbeitern in ihrer Abteilung	
19 Einhaltung von Terminen und Aufgaben	Hält Termine und Vereinbarungen nicht ein	Hält wichtige Termine und Vereinbarungen ein. Für sie unwichtigere fallen auch mal weg.	Hält die Termine und Vereinbarungen ein, ist aber öfters unpünktlich	Hält die Termine und Vereinbarungen pünktlich ein	Ist ein zuverlässiger Partner, pünktlich und stets bestens vorbereitet	

Gesamtsumme:

Hinweis: Noten zusammenzählen und durch 19 teilen = Durchschnittsnote!

Durchschnittsnote:

- Was schätzen Sie wie viel % der Arbeitszeit bringt Ihre Führungskraft damit zu, sich um die Belange der Mitarbeiter zu kümmern? Wie viel % der Arbeitszeit sollte Ihre Führungskraft mit dieser Aufgabe zubringen?

  Ist .... %   Soll .... %

- Was schätzen Sie an Ihrem Vorgesetzten am meisten?

  ....

- Was könnte/sollte/müsste Ihre Führungskraft noch besser machen?

  ....

- Was ich noch gerne sagen möchte:

  ....

X:\Allgemein\Vorgesetzenbewertung\Vorlagen Bewertungsbogen\[Vorgesetztenbewertung Druckversion.xls]Bewertungsbogen

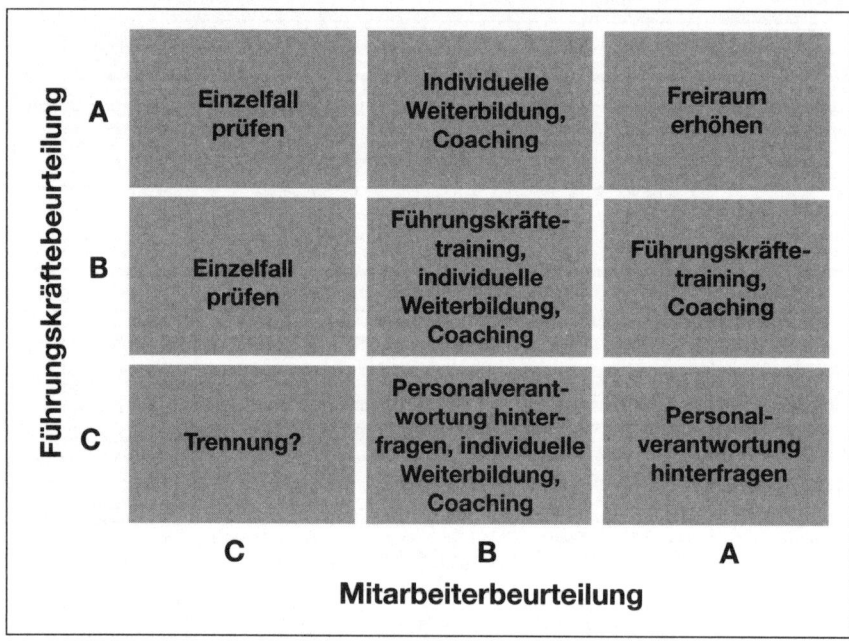

	C	B	A
A	Einzelfall prüfen	Individuelle Weiterbildung, Coaching	Freiraum erhöhen
B	Einzelfall prüfen	Führungskräfte-training, individuelle Weiterbildung, Coaching	Führungskräfte-training, Coaching
C	Trennung?	Personalverant-wortung hinter-fragen, individuelle Weiterbildung, Coaching	Personal-verantwortung hinterfragen

Führungskräftebeurteilung

Mitarbeiterbeurteilung

Abbildung 6: Beispiel einer Führungskräftematrix in einem fiktiven Unternehmen

In Abbildung 7 sehen Sie, was in jedem der neun denkbaren Fälle zu tun ist. Herr Zunder zum Beispiel wurde in der Mitarbeiterbeurteilung mit »A«, in der Führungskräftebeurteilung jedoch mit »C« beurteilt. Das bedeutet, seine Personalverantwortung dringend zu hinterfragen. Am besten gibt er seine Führungsverantwortung im Einvernehmen wieder ab. Um ihm diesen Schritt zu erleichtern, darf er sein Führungskräftegehalt behalten. Würde Herr Zunder sich hingegen auch bei der Führungskräftebeurteilung als A erweisen, dann hieße die Empfehlung, den Freiraum zu erhöhen. Das soll heißen: Wer so einen hervorragenden Job macht, dem sollte man unbedingt mehr Verantwortung geben. Er scheint zu Höherem berufen zu sein und braucht Ansporn, Bestätigung und die nötigen Freiheiten, um sich zu entfalten.

Mein Rat an Unternehmer und Topmanager: Lassen Sie sich selbst und sämtliche Führungskräfte einmal pro Jahr von den Mitarbeitern beurteilen. Es gibt kein besseres Instrument, um die Chef-Falle rechtzeitig zu sehen und nicht in sie hineinzugeraten. Haben Sie den Mut, aus der Beurteilung auch Konsequenzen zu ziehen, sonst können Sie sich den Auf-

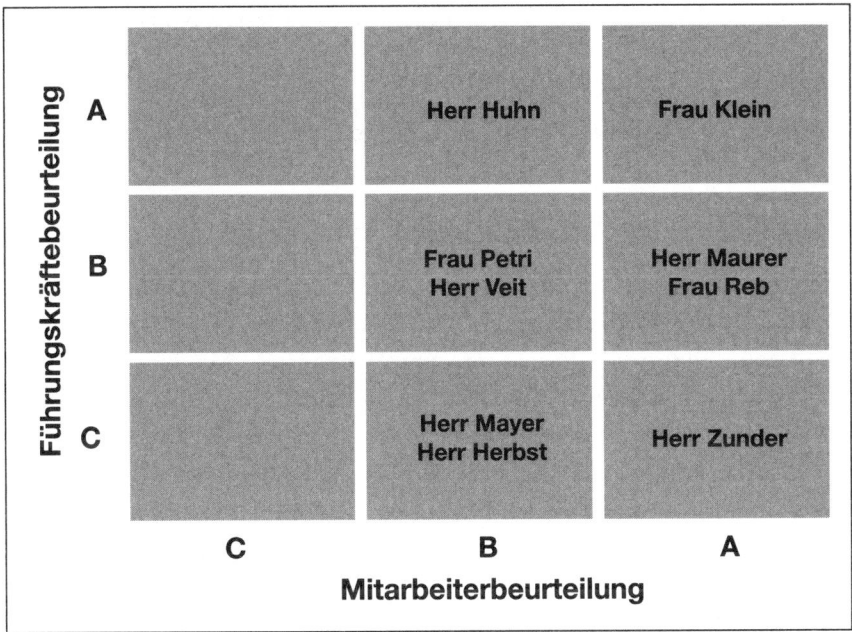

Abbildung 7: Aus der Führungskräftematrix abgeleitete Handlungsempfehlungen

wand sparen. Machen Sie die Ergebnisse öffentlich und handeln Sie nachvollziehbar. Alles andere ist fahrlässig. Wer beispielsweise mittelmäßige Leute zu Führungskräften macht und nicht wenigstens im Nachhinein erkennt, dass er hier die falschen befördert hat, und den Fehler korrigiert, der bewirkt, dass wirklich gute Leute nicht mehr gefordert werden und resignieren. Das ist dann das Ende vom Lied.

Charaktereigenschaften und Rollenpräferenzen bewerten

Wenn immer wieder Mitarbeiter allein aufgrund ihrer fachlichen Kompetenz zu Führungskräften befördert werden, dann liegt das auch daran, dass Unternehmer und Manager sich nicht ausreichend mit der Persönlichkeit und anderen relevanten Eigenschaften eines Bewerbers beschäftigen. Ich vergleiche das gerne mit dem *Diercke Weltatlas*, den die meisten von uns noch aus der Schule kennen. Je nachdem, welche Information ich suche, muss ich die richtige Karte mit der richtigen Sicht aufschlagen.

Will ich beispielsweise wissen, wo die interessantesten Märkte der Welt sind, dann nützt mir die politische Weltkarte mit den unterschiedlich eingefärbten Nationen und ihren Hauptstädten wenig. Wenn ich aber Karten aufschlage, die Bevölkerungsverteilung, Bruttoinlandsprodukte oder Handelsbilanzen visualisieren, komme ich der Antwort schon näher.

Bei der Frage, wer sich zum Chef eignet, sollten Unternehmen zwingend mehr Informationen heranziehen als Ausbildung und bisherige fachliche Leistung. Die beiden wichtigsten weiteren Kriterien sind Charakter und bevorzugte Teamrolle. Für beides gibt es bewährte Modelle und Messinstrumente. Unter den zahlreichen Persönlichkeitsmodellen und Persönlichkeitstests, wie »Myers-Briggs«, »Reiss« oder »Big Five« sind viele leider ziemlich kompliziert. Das persolog® Persönlichkeits-Profil ist dagegen einfach und klar und hat sich gerade im Mittelstand schon tausendfach bewährt. Es basiert ursprünglich auf den Theorien des amerikanischen Psychologen William Marston (1893–1947), der als Pionier der Psychologie menschlicher Emotionen gilt.

Beim persolog® Profil stehen die Buchstaben D, I, S und G für vier Grundverhaltensdimensionen: Menschen verhalten sich im Berufsleben je nach ihren Wahrnehmungen und Reaktionsmustern entweder mehr dominant oder initiativ oder stetig oder gewissenhaft. Ein guter Flugkapitän zum Beispiel sollte vor allem Stetigkeit besitzen, da er immer gleiche Abläufe möglichst perfekt und mit innerer Ruhe beherrschen muss. Hätten Sie das auch gesagt? Manche meinen zunächst, ein Kapitän müsste doch dominant sein. Aber dominante Piloten neigen zu riskanten Manövern und einsamen Entscheidungen auf Kosten der Sicherheit. Sie sehen schon an diesem kleinen Beispiel, wie das persolog® Modell Fehlbesetzungen von Führungskräften verhindern kann.

Acht Führungsregeln von Jack Welch
Die Managerlegende Jack Welch, von 1981 bis 2001 CEO von General Electric, hat in seinem Buch *Winning* acht Grundregeln für Führungskräfte aufgestellt:

1. Ständig das Potenzial des Teams erhöhen. Jede Begegnung und jedes Gespräch nutzen, um Coaching anzubieten.

2. Sicherstellen, dass Mitarbeiter die Unternehmensziele nicht nur kennen, sondern verinnerlicht haben und tagtäglich leben.
3. Von innen heraus überzeugen, positive Energie und Optimismus freisetzen.
4. Vertrauen schaffen durch Offenheit, Transparenz und Fairness.
5. Mut haben zu unpopulären Maßnahmen.
6. Dinge hinterfragen und auf Antworten bestehen, damit den Fragen Taten folgen.
7. Ein gutes Beispiel für Risiko- und Lernbereitschaft geben.
8. Erfolge im Team gebührend feiern.

Allein auf den Charakter und den Persönlichkeitstyp des Einzelnen zu schauen, reicht allerdings nicht aus, wenn es darum geht, schlagkräftige Teams zu bilden. Das hat vor allem Meredith Belbin erforscht. Er ist Professor am Henley Management College in England und Experte für Managementteams. Jeder Mensch verfügt Belbin zufolge über ganz bestimmte Stärken und Schwächen, was dazu führt, dass er in Teams bestimmte Rollen leichter einnimmt als andere. Unabhängig von ihren fachlichen Qualifikationen sind bestimmte Personen zum Beispiel am liebsten der Anführer eines Teams, während andere gerne Aufgaben für andere Teammitglieder stetig abarbeiten und wieder andere am liebsten über Innovationen nachdenken, die Umsetzung aber anderen überlassen möchten.

Nach Belbin arbeiten Teams dann effektiv, wenn sie aus unterschiedlichen, sich ergänzenden Rollentypen bestehen, wobei er insgesamt neun Typen unterscheidet: Neuerer, Wegbereiter, Koordinator, Macher, Beobachter, Teamarbeiter, Umsetzer, Perfektionist und Spezialist. Anders als bei manchen Persönlichkeitsmodellen sind Menschen hier nicht auf einen bestimmten Typ festgelegt, sondern nehmen je nach Situation unterschiedliche Rollen gut oder weniger gut ein. In jeder der genannten Rollen können Mitarbeiter auch Führungsverantwortung übernehmen. Welche Rolle richtig ist, hängt allein vom Team ab: Was brauchen die anderen als Ergänzung? *Eine Übersicht der Teamrollen nach Belbin finden Sie kostenlos unter www.die-chef-falle.de.*

Ein dominanter Chef wie Herr Senker, von dem ich Ihnen zu Anfang des Kapitels berichtet habe, darf seine Dominanz ruhig behalten. Er muss sich aber zum A-Chef entwickeln, und wenn er dann A-Mitarbeiter sucht, darauf achten, dass diese ihn perfekt ergänzen. Umgibt er sich mit kommunikationsstarken Teamarbeitern, mit Perfektionisten, die Aufgaben gewissenhaft umsetzen, sowie mit Neuerern, die ihm Ideen geben, dann hat er bald keinen Grund mehr, auf seine angeblich schlechten Mitarbeiter zu schimpfen.

Kapitel 6

Abschied vom Mittelmanagement
Warum A-Mitarbeiter (fast) keine Vorgesetzten brauchen

Ich bin oft in Kalifornien. Mit dem »Golden State« an der Westküste der USA verbindet man vielleicht zunächst Hollywood oder das Silicon Valley. Wer dort länger mit dem Auto unterwegs ist, merkt jedoch schnell, welche große Rolle auch die Landwirtschaft spielt. Obst, Gemüse und nicht zuletzt der Weinbau haben in den letzten 40 Jahren als Wirtschaftsfaktor ständig zugenommen. Das sonnige Klima und die immer perfekteren Techniken künstlicher Bewässerung machen es möglich. Mitten in den weiten Feldern zwischen San Francisco und Sacramento liegt die Zentrale der Firma Morning Star. An mehreren Standorten verarbeitet das Unternehmen rund 25 Prozent der Tomatenernte Kaliforniens und beherrscht ungefähr 40 Prozent des US-Marktes für Tomatenpaste. Kunden der Firma sind Lebensmittelhersteller und die Gastronomie. Doch die Marktführerschaft ist nicht das Besondere an Morning Star. Das Besondere ist, dass es hier keine Chefs gibt. Die Mitarbeiter managen sich einfach selbst.

Bei Morning Star wurde das Mittelmanagement nicht etwa irgendwann abgeschafft, sondern es hat noch nie Mittelmanager gegeben. Der Unternehmensgründer Chris Rufer finanzierte sich einst sein Wirtschaftsstudium, indem er mit seinem eigenen Lastwagen Tomaten von den Landwirten zu den Fabriken fuhr. Dabei beobachtete er die Abläufe genau und sah vieles, was man besser organisieren konnte. Gleichzeitig forschte er als Ökonom zum Thema Selbstmanagement. Er kam zu dem Schluss, dass die erfolgreichsten und effektivsten menschlichen Organisationen auf den Prinzipien der Selbstorganisation und vollständigen Eigenverantwortung basieren. Schließlich brachte Rufer beides zusammen: seinen Glauben an Selbstmanagement und seine praktischen Beobachtungen in der Tomatenverarbeitung. Im Jahr 1982 überzeugte er eine Gruppe von Tomatenproduzenten, mit ihm gemeinsam eine neuartige Fabrik zu gründen.

Diese Firma ohne Chefs ist in den letzten 30 Jahren nicht nur ständig gewachsen, sondern sie war auch zu jedem Zeitpunkt effizienter und profitabler als ihre Wettbewerber. Heute gehören drei Fabrikstandorte zu Morning Star, dazu eine Abfüllanlage für Konservendosen, eine Servicegesellschaft, ein Erntebetrieb, zahlreiche Treibhäuser und nicht zuletzt eine eigene Lkw-Flotte mit annähernd 200 Lastwagen. Morning Star hat die gesamte Wertschöpfungskette bei kalifornischen Tomaten fest im Griff – und macht 700 Millionen US-Dollar Jahresumsatz. Geht das alles wirklich ohne Fabrikdirektoren, Bereichsleiter, Werksmeister? Ja, es funktioniert! Die 400 Mitarbeiter organisieren sich selbst in kleinen Gruppen. Der Schlüssel zum Erfolg sind Jahresziele und kollegiale Verträge.

Einmal im Jahr handelt jeder Mitarbeiter mit seinen unmittelbaren Kollegen einen Zielvertrag aus. Darin verpflichtet er sich ganz genau zu dem, was er in den nächsten 12 Monaten leisten wird, einschließlich aller relevanten Kennzahlen. Wie ein Netz überziehen die wechselseitigen kollegialen Verträge die ganze Firma. Prinzipiell sind alle gleichgestellt, doch jeder hat sich eben zu anderen Aufgaben verpflichtet. Alle Mitarbeiter überprüfen regelmäßig, ob die jeweiligen Kollegen ihre Verträge auch erfüllen. Das ersetzt die Kontrolle durch Vorgesetzte. Außerdem stehen sich alle untereinander mit Rat und Tat zur Seite. Motivation? Die resultiert aus der Freiheit, im eigenen Aufgabenbereich auch alles selbst entscheiden zu können.

Da ist es nur konsequent, dass die Hoheit über die Budgets ebenfalls bei den Mitarbeitern liegt. Wenn der Lkw eines Arbeiters einen Defekt hat, dann fährt dieser ihn sofort in die Werkstatt und lässt ihn reparieren. Braucht ein Wartungstechniker eine neue Bohrmaschine, dann geht er hin und kauft sie. Niemand ist irgendwelchen Chefs Rechenschaft schuldig. Sondern nur den Kollegen, mit denen er Verträge geschlossen hat. Und die Gehälter? Darf jeder Mitarbeiter sich auch einfach auszahlen, so viel er will? Nein, die Gehälter werden einmal im Jahr von einem Komitee festgesetzt. Die Mitglieder dieses Komitees werden jedoch aus dem Kreis der Mitarbeiter gewählt.

Wenn Chefs einfach überflüssig werden

Ist Morning Star eine lustige Landkommune in jenem Teil der USA, wo vor rund 45 Jahren die Hippiekultur geboren wurde? Nein, sagt Gary Hamel. Der amerikanische Managementexperte, laut einem Ranking des *Wall Street Journal* der zurzeit einflussreichste Businessdenker der Welt, hat das Personalmanagement von Morning Star analysiert und kommt zu dem überraschenden Schluss: »So funktioniert die Firma der Zukunft.« Was heute noch exotisch erscheint, wird in einigen Jahren die Erfolgsformel der Gewinner sein. Das sich selbst organisierende Unternehmen »ohne Chefs, Jobtitel und Beförderungen« ist einfach effektiver und hat überall die Nase vorn. Ein weiterer ganz Großer unter den internationalen Managementexperten stimmt seinem »Kollegen« Gary Hamel zu: »Management braucht keine Hierarchie mehr«, meint Charles Handy im Interview mit der deutschen Zeitschrift *managerSeminare*.

Der irische Pastorensohn Charles Handy ist emeritierter Professor an der London Business School, die er einst mit gegründet hat, sowie Autor von über 20 Büchern. Seit seinem Bestseller *The Future of Work* (1984) beschäftigt er sich mit der Zukunft der Arbeitswelt und der Frage, wie das Management der Zukunft aussehen wird. Mit seinen Ideen hat er Generationen von Managern geprägt. Heute sieht er die Unternehmenswelt im radikalen Umbruch, da sich die Rahmenbedingungen total verändert haben: »Unternehmen können wachsen, aber in einer stagnierenden Wirtschaft geht das nur zulasten anderer Unternehmen. Dahinter stecken dann Kämpfe um Marktanteile.« Die Alternative? Sie lautet, lieber gleich das Unternehmen der Zukunft zu bauen, als alte Besitzstände zu verteidigen. Wir können jederzeit den Neustartknopf drücken.

In der Organisation der Zukunft läuft laut Charles Handy alles viel schneller als heute, die Informationen sind jederzeit verfügbar und das Unternehmen wird dadurch viel effektiver. Wer diesen zukunftsträchtigen Weg gehen will, muss sich aber klarmachen: »Damit verändert sich der innere Aufbau.« Betroffen ist vor allem das Mittelmanagement. Charles Handy sagt:

Das Mittelmanagement büßt den Großteil seiner Funktion ein. Es gibt nichts mehr zu checken, keine Informationen mehr zu verteilen. Diese Aufgaben können eingespart werden. Denn im Unternehmen der Zukunft kann jeder alles wissen, es gibt keine Geheimnisse mehr, kein Machtmonopol. Es gibt keine einzelne Person mehr, welche die Antworten auf alle Fragen für sich beanspruchen kann. Jeder Mitarbeiter wird die Antworten selbst geben können … Zum ersten Mal können wir eine Organisation schaffen, in der nicht mehr formale Strukturen, sondern funktionsfähige, produktive Beziehungen dominieren. Sinnvollerweise sollte es in einer solchen Organisation Einheiten geben, die nicht mehr als 50 Mitarbeiter umfassen. In einer derartigen Umgebung kann alles schlank gehalten werden.

Als ich solche und ähnliche Gedanken vor Jahren zum ersten Mal gelesen habe, war ich noch skeptisch. Doch inzwischen beweisen immer mehr kleine und mittlere Unternehmen – nicht nur in Kalifornien –, dass es funktioniert. So berichtete die Schweizer *Handelszeitung* kürzlich über Heiko Fischer, den ehemaligen Personalchef der Frankfurter Spieleentwicklungsfirma Crytek. Ich interessiere mich nicht für Computerspiele und hatte den Namen Crytek deshalb vorher nie gehört, doch was Heiko Fischer sagt, hat mich elektrisiert: Er war ein Personalchef, der sich zum Ziel gesetzt hatte, sich selbst überflüssig zu machen. Und dieses Ziel hat er bei Crytek auch erreicht.

Die Teams der Spieleentwickler von Crytek machen heute einfach ihre eigene Personalarbeit, indem sie etwa bei Bedarf neue Kollegen rekrutieren und einstellen. Damit das klappt, dürfen sie sich – wiederum eigenverantwortlich – Rat bei erfahrenen Personalexperten holen. Der Aufwand steigt dadurch zunächst, denn alle müssen sich die neuen Fähigkeiten erst erarbeiten. Aber wenn die Personalkompetenzen in den Teams einmal verankert sind, sinkt der Aufwand wieder. Selbstorganisation ist am Ende effizienter und effektiver.

Mit knapp 800 Mitarbeitern ist Crytek zwar kein Konzern, aber immerhin weit mehr als ein Kleinbetrieb. Und den Verdacht, dass Selbstorganisation nur unter Programmierern funktionieren könnte, diesem bunten und eigenwilligen Völkchen, widerlegt ja schon die Tomatenverarbeitung bei Morning Star in Kalifornien. Dort sind es so unterschiedliche Berufe wie Lebensmitteltechniker, Mechaniker, Erntehelfer oder Lkw-Fahrer, die sich untereinander selbst organisieren. Und was macht Heiko Fischer heute, nachdem er seinen Job als Personalchef bei Crytek selbst abgeschafft hat? Er berät und begleitet andere Unternehmen beim Schritt in die Selbstorganisation. Bis jetzt sind es ausschließlich Mittelständler. »Sobald das der erste Großkonzern macht, geht es richtig los«, ist Fischer überzeugt.

Für eine »populäre Schnapsidee« hält dagegen die Hamburger Wirtschaftswissenschaftlerin Sonja Bischoff die Abschaffung des Mittelmanagements. »Das mittlere Management ist das Bindeglied zwischen strategischer Spitze und operativem Kern«, erklärt sie gegenüber der Zeitschrift *managerSeminare*. Ohne die »Übersetzung« durch die rund drei Millionen Mittelmanager in Deutschland könne das Topmanagement mit der operativen Ebene gar nicht kommunizieren. Die Unternehmen würden »auseinanderbrechen«. Die Topmanager seien rein strategisch orientiert und würden eine ganz andere Sprache sprechen als der Rest. Was will die Professorin damit sagen? Nun, die »großen Chefs« leben in ihrer eigenen Welt und brauchen die »kleinen Chefs«, damit das Fußvolk ihre Botschaften überhaupt verstehen kann. Ich könnte Ihnen tatsächlich Hunderte Firmen nennen, in denen das exakt so ist. Aber die Frage war ja nicht, was heute schiefläuft, sondern wem die Zukunft gehört.

Wer hat also Recht? Wenn Gary Hamel oder Charles Handy Recht haben, dann können wir uns vom Mittelmanagement langsam verabschieden, weil Mitarbeiter sich in Zukunft selbst organisieren und untereinander Zielvereinbarungen aushandeln werden. Wenn Sonja Bischoff Recht hat, dann ist das alles nur Populismus und eine große Gefahr für die Stabilität einer Firma. Wenn Sie mich fragen, dann übersehen alle einen entscheidenden Punkt: Wenn ich ein Unternehmen habe, das fast ausschließlich aus A-Mitarbeitern besteht, dann brauchen diese keine Mittelmanager im herkömmlichen Sinn. Das Einzige, was A-Mitarbeiter noch gebrauchen können, sind überzeugende Führungspersönlichkeiten, welche die Werte und die Mission des Unternehmens verkörpern und hin und wieder Orientierung und Feedback geben. Ansonsten managen A-Mitarbeiter sich selbst.

Mit B und C werden Sie jedoch niemals das sich selbst organisierende Unternehmen schaffen. Der B-Mitarbeiter wird auch dann, wenn er keinen Chef mehr hat, abwarten, bis ihm ein anderer sagt, was er zu tun hat. Und der C-Mitarbeiter wird die totale Freiheit, die er ganz ohne Aufsicht hat, schamlos ausnutzen. Die Firma der Zukunft wird daher so aussehen müssen, dass sie (fast) nur noch aus A-Mitarbeitern besteht. So werden Gary Hamel und Charles Handy auch langfristig Recht bekommen. Wenn Sie die Entwicklungen verstehen wollen, die dazu führen, dass wir bald immer mehr Unternehmen mit sich selbst organisierenden A-Mitarbeitern und immer weniger Unternehmen mit kontrollierenden Mittelmanagern haben werden, müssen Sie einen Blick auf die größeren Zusammenhänge werfen.

Komplexität und Dynamik sind auf dem Vormarsch

Jährlich gehen in Deutschland zwischen 30 000 und 40 000 Firmen pleite. Nur ein kleiner Teil davon sind Existenzgründer, die wieder aufgegeben haben. Bei dem Großteil handelt es sich um Unternehmen, die etliche Jahre – manchmal sogar viele Jahrzehnte – am Markt waren und nun am Ende sind, weil sie sich nicht mehr weiterentwickelt haben. Die Geschwindigkeit (Dynamik) hat dramatisch zugenommen. Die Komplexität ist im gleichen Maße angestiegen. Wer mit der neuen Dynamik und beschleunigten Komplexität (die Amerikaner nennen das Dynaxity) nicht mehr zurechtkommt, ist am Ende.

Mein Freund und mittlerweile leider verstorbene Kollege Professor Heijo Rieckmann erklärt das an einem anschaulichen Modell. Jürgen Kurz, Jürgen Frey und ich haben es in unserem Buch *Die TEMP-Methode*® aufgegriffen (siehe dort S. 13 ff.). Die Entwicklung der Wirtschaft ist geprägt durch zunehmende Komplexität bei gleichzeitig ebenso steigender Dynamik. Wie in Abbildung 8 dargestellt, ergeben sich daraus drei »Fitnesszonen«: Früher brauchten Unternehmen viel weniger Komplexität und Dynamik zu bewältigen als heute. Sie befanden sich in Fitnesszone 1. Als lokale Nischenanbieter haben einige dieser Firmen bis heute überlebt. Die meisten befinden sich jedoch inzwischen in Fitnesszone 2 und müssen mit sehr viel mehr Komplexität und Dynamik klarkommen als früher. In Zukunft wird alles noch schneller gehen und noch komplexer sein. Das ist Fitnesszone 3. Wer heute national wettbewerbsfähig sein will, muss mindestens in Fitnesszone 2 sein. Und wer international wettbewerbsfähig sein will, muss jetzt schon Fitnesszone 3 erreicht haben.

Unternehmen der **Fitnesszone 1** sind zum Beispiel alteingesessene Handwerksbetriebe, wo der Chef dann gerne sagt: »Ich komme am Mittwoch.« Er sagt nur nicht, an welchem Mittwoch. In dieser Zone können aber auch Konzerne sein, die sich über lange, dunkle Gänge definieren und deren Organigramme so übersichtlich sind wie der Stadtplan von Tokio. Ein Verbesserungsvorschlag, der hier von einem einfachen Mitarbeiter abgegeben wird, kommt nach drei Monaten bei den zuständigen Vorgesetzten an. Dort wird entschieden, und es dauert dann immerhin nur noch drei Wochen, bis er wieder unten ankommt und die Veränderung umgesetzt werden kann.

Das sind Unternehmen, die nicht einmal mehr national wettbewerbsfähig sind und in der Regel irgendwann von der Bildfläche verschwinden. Oft leben sie nur noch von der Substanz, das heißt von ihrer in besseren Jahren erlangten Marktposition und ihrem damals aufgebauten Kapitalstock. Gegen neue, hoch dynamische Wettbewerber haben sie keine Chance. Die Topmanager solcher Konzerne sind irgendwann nur noch dazu da, den Aktionären und der Öffentlichkeit das weitere Abschmelzen der Marktanteile zu erklären.

Unternehmen in der **Fitnesszone 2** haben schon eine völlig andere Geschwindigkeit und beherrschen eindeutig eine höhere Komplexität als in der Fitnesszone 1. Es sind gut funktionierende Organisationen, die gute

Abbildung 8: Je besser ein Unternehmen mit Komplexität und Dynamik umgehen kann, desto fitter ist es für die Zukunft.

Produkte machen und nahe an den Wünschen ihrer Kunden sind. Die Organisation ist zwar nach wie vor hierarchisch, doch in den letzten Jahren sind diese Unternehmen immer »schlanker« geworden und haben teilweise auch überflüssige Führungsebenen beseitigt. So hat zum Beispiel selbst die seit Jahren kriselnde und zwischenzeitlich insolvente Warenhauskette Karstadt gemerkt: Filialen mit weniger Führungsebenen, wie München-Schwabing oder Lörrach, sind deutlich erfolgreicher. Abteilungsleiter in anderen Filialen mussten deshalb gehen. Mit dieser Art von Verschlankung lässt sich zumindest die nationale Wettbewerbsfähigkeit noch eine Weile halten. Ob es für Karstadt langfristig reichen wird, werden wir sehen.

In die **Fitnesszone 3** schließlich kommen nur noch Unternehmen, die fast ausschließlich A-Mitarbeiter haben. Diese A-Mitarbeiter arbeiten in überschaubaren Teams und managen sich weitgehend selbst. Anders ist es nämlich gar nicht mehr möglich, mit einem Höchstmaß an Komplexität und Dynamik umzugehen. Entscheidungen müssen schnell getroffen und sofort umgesetzt werden. Das ist nur in einer dezentralen Organisation machbar, die weitgehend ohne Hierarchien auskommt. *Mehr Infos zum Thema Fitnesszonen finden Sie kostenlos unter www.die-chef-falle. de.*

Einer, der diese Philosophie heute bereits lebt, ist Gernot Pflüger, Inhaber der Eventagentur CPP Studios Event GmbH in Offenbach. Über Investitionen oder Neueinstellungen entscheiden in seiner Firma ausschließlich die Mitarbeiter. Jeder darf mitbestimmen. Und alle verdienen das Gleiche. (Bei diesem Punkt zucke ich allerdings zusammen – ein Einheitsgehalt kann ich mir in meiner Unternehmensgruppe so schnell nicht vorstellen.) Gernot Pflüger ist nicht mehr der klassische Chef, sondern die Verkörperung seiner Prinzipien. Diese lauten: freie Zeiteinteilung, Resultate statt Anwesenheit sowie autonome Einheiten mit einer überschaubaren Anzahl von Mitarbeitern.

»Entscheidend ist, dass jeder in der Gruppe noch die Kausalitäten erkennt«, sagt Gernot Pflüger. Dann sind auch Schnelligkeit und hohe Komplexität kein Problem. In Pflügers Firma weiß jeder einzelne Angestellte das, was früher nur Mittelmanager wussten. Ich sage: So was ist nur mit A-Mitarbeitern möglich! B oder C werden gar kein Interesse haben, sich dieses Wissen anzueignen. Wissensbasierte Unternehmen, beispielsweise in der IT-Branche oder der Kreativwirtschaft, sind deshalb vielfach auch die Vorreiter der Fitnesszone 3. Denn sie haben Topleute.

In einem Unternehmen, das zu mindestens 80 Prozent aus A-Mitarbeitern besteht, treffen nicht mehr irgendwelche Manager irgendwo oben die Entscheidungen. Stattdessen sind sämtliche Mitarbeiter so weit entwickelt worden, dass sie in der Lage sind, die besten Entscheidungen selbst zu treffen. Auf der psychologischen Ebene bedeutet das für Chefs vom alten Schlag einen Verlust an Machtgefühl und Status. Charles Handy sagt dazu: »Die Chefetage muss es ertragen lernen, dass Mitarbeiter Informationen selbst deuten.« Wo Chefs aber gelernt haben, sich zurückzunehmen, und dafür A-Mitarbeiter das Zepter übernehmen, da ist die Voraussetzung für eine wirksame Selbstorganisation geschaffen.

Eine Organisation in der Fitnesszone 3 weiß, dass es nicht nur einen einzigen Weg zum Ziel gibt. Nein, es gibt viele Wege. Und auch die Führungsspitze kann nie sagen, welcher davon der beste sein wird. Mitunter kann aus einem einmal eingeschlagenen Weg auch ein Umweg werden. Diese Ineffizienz nimmt man gerne in Kauf, weil es die Optionen vervielfacht und auf diese Weise neue Lösungen entstehen. Die Mitarbeiter finden jetzt eine Organisation vor, in der nicht mehr formale Strukturen dominieren, sondern produktive Beziehungen untereinander herrschen. Dezentrale »Teilorganisationen« mit maximal 50 Mitarbeitern sind für den einzelnen Mitarbeiter seine eigentliche »Firma«. Jeder kennt hier jeden. Kurze Wege, schnelle Entscheidungen.

Große Firmen müssen sich zukünftig in solche kleinen Einheiten aufteilen. In diesen Einheiten sind jederzeit Diskussionen wie in einem Start-up möglich. Wenn ein Thema zur Entscheidung ansteht, können alle Beteiligten in eine Diskussion eintreten, ihr Wissen offenlegen und eine gemeinsame Lösung erarbeiten. Auch hier gibt es bereits Pioniere. Der US-Textilhersteller W. L. Gore, dessen deutsche Niederlassung ich aus meiner langjährigen Verbandsarbeit gut kenne, arbeitet schon seit der Gründung 1958 mit autonomen Teams. Weisungshierarchien? Fehlanzeige. Auch starre Kommunikationskanäle gibt es nicht und gab es nie. Trotzdem oder gerade deshalb ist das Unternehmen mit weltweit drei Milliarden US-Dollar Umsatz hoch innovativ und als Arbeitgeber sehr beliebt. Gibt es da noch Führungskräfte? Ja, aber sie sind Sinnstifter und Taktgeber. Sie halten das Unternehmensschiff auf Kurs, indem sie lohnende Häfen entdecken – und nicht, indem sie ins Steuerruder greifen.

Ich will hier nicht verschweigen, dass die Unternehmenswelt der Zukunft wahrscheinlich auch eine unangenehme Seite hat. Der bekannte Hamburger Zukunftsforscher Horst W. Opaschowski hat dafür die Formel »0,5 x 2 x 3« geprägt. »0,5« bedeutet, dass nur noch die Hälfte der heutigen Arbeitnehmer zukünftig vermittelbar sein wird. Die andere Hälfte sind Menschen, welche die komplizierten Abläufe, Normungen, Sicherheitsvorschriften und so weiter nicht mehr verstehen und deshalb auch nicht mehr wirklich bewältigen können. Es sind Menschen, die keinen Schulabschluss haben, ihre Probleme mit Alkohol oder Drogen lösen oder sich aus anderen Gründen einfach abmelden. Übrigens ist das nicht so aufregend, wie es klingt, denn wir haben heute schon eine 40-Prozent-Gesellschaft, wollen es aber nicht wahrhaben. Die »2« in der Formel bedeutet: Diejenigen, die einen Arbeitsplatz haben, werden das Doppelte verdienen wie heute. Dummerweise müssen sie dafür aber dreimal so viel arbeiten. Das bedeutet die »3«. Die sozialen Probleme, die aus dieser Situation resultieren, werden wir lösen müssen. Aufhalten lässt sich die Entwicklung wahrscheinlich nicht mehr. *Eine Zusammenfassung des Vortrags von Horst W. Opaschowski können Sie kostenlos unter www.die-chef-falle.de herunterladen.*

Der Mittelmanager – Turbolader oder Bremsklotz?

Schon vor mehr als 15 Jahren las ich in einem Buch des Unternehmensberaters und Bestsellerautors Tom Peters die Geschichte von Virginia Azuela. Diese Frau Azuela war keine Berühmtheit, sondern Hausdame auf einer Etage im Ritz-Carlton-Hotel in San Francisco. Tom Peters machte sie aber zu einer kleinen Berühmtheit, indem er sie in seinem Buch *Der Wow! Effekt* auf einem ganzseitigen Foto wie einen Superstar präsentierte. Warum tat er das? Weil Frau Azuela, genau wie der Page, der das Gepäck trägt, und der Portier, der das Taxi ruft, jederzeit auf eigene Verantwortung bis zu 2000 US-Dollar ausgeben durfte, um eventuelle Probleme der Gäste zu lösen. 2000 Dollar! Ich kenne Manager mit tollen Jobtiteln auf der Visitenkarte, die zwei weitere Unterschriften benötigen, bevor sie mehr als 1000 Euro ausgeben dürfen.

Mit der Lizenz zum Geldausgeben machte das Ritz Frau Azuela de facto zur Unternehmerin und Betreiberin ihrer Etage. Frau Azuela wurde dieser Verantwortung voll und ganz gerecht. Sie war eine echte A-Mitarbeiterin und dafür wollte Tom Peters sie in seinem Buch feiern. Mir hat diese Story damals auch deshalb gut gefallen, weil ich die Ritz-Carlton-Hotels für die besten der Welt hielt. (Das ist inzwischen leider nicht mehr so, weil das Management gewechselt hat.) Die Geschichte hat allerdings auch noch eine traurige Seite, die ich Ihnen nicht vorenthalten will. Als ich einmal mit einer Gruppe von anderen Unternehmern ein Ritz-Carlton-Hotel besuchte, um von der besonderen Unternehmenskultur zu lernen, sprach ich den Manager, der die Führung für unsere Gruppe leitete, auf Frau Azuela und die 2000 Dollar an. Da wurde er ziemlich verlegen und erklärte, seit der Veröffentlichung durch Tom Peters würden einige Gäste diese Regelung schamlos ausnutzen.

Nun, wer liest die Bücher von Tom Peters und wer gehört zur Zielgruppe von Ritz-Carlton? Genau: Manager, Chefs. Diese gaben hier wieder einmal eine traurige Kostprobe ihres oft wenig vorbildlichen Benehmens. Dieselben Chefs, die in Luxushotels Kristallgläser oder Bademäntel klauen, kündigen dann einer Mitarbeiterin, die einen Pfandbon über 83 Cent verschlampt, fristlos wegen Unterschlagung. Doch zurück zu Frau Azuela: Wozu, glauben Sie, braucht eine A-Mitarbeiterin wie Virgina Azuela noch einen Mittelmanager? Um sie zu motivieren? Sie liebt ihre Gäste und ihre Etage und tut ohnehin alles, damit die Gäste sich wohlfühlen. Um Informationen zu vermitteln? Frau Azuela kennt in jedem Zimmer jede Glühbirne. Um Ausgaben zu genehmigen? Frau Azuela kann mit Geld umgehen, sie muss es in ihrem privaten Haushalt schließlich auch. Um eine Strategie zu vermitteln? »Alles für den Gast«, lautet die Strategie. Das muss niemand fünf Mal am Tag gesagt bekommen.

Angenommen, Frau Azuela bräuchte keine Mittelmanager über sich – wozu brauchen sie dann andere Unternehmen in anderen Branchen noch? Ein mitdenkender Mitarbeiter, der Eigenverantwortung übernimmt und die Initiative ergreift, braucht nur noch selten einen Chef. Der Kunde ist begeistert, weil Wartezeiten und Missverständnisse jetzt der Vergangenheit angehören. Doch nicht nur bei Jobs mit direktem Kundenkontakt ist das Mittelmanagement auf dem Rückzug. In der Automobilindustrie zum Beispiel durfte früher nur der technische Leiter das Band anhalten, wenn sich irgendwo ein Fehler bemerkbar machte. Danach war es der Ingenieur, irgendwann der Obermeister, dann der Meister. Und heute? Heute ist jeder Mitarbeiter nicht nur in die Lage versetzt, sondern verpflichtet, diese Entscheidung zu treffen. Bereits eine Minute lang das Band anzuhalten, kostet ein irres Geld. Aber jeder Facharbeiter muss das und darf das, falls es nötig ist.

Tom Peters: Organisation und Management in zwei Sätzen
Der amerikanische Unternehmensberater und Autor Tom Peters hat Hunderte seiner Vorträge mit der immer gleichen Folie begonnen, auf der (im Original auf Englisch) dies zu lesen war:

Organisationen sind da, um zu dienen. Punkt.

Führungskräfte sind da, um zu dienen. Punkt

Quelle: www.tompeters.com

Wozu also noch (mittlere) Führungskräfte? Welchen Dienst erweisen sie dem Unternehmen und den Mitarbeitern? Zum Beispiel Sinn vermitteln. Sinnhaftigkeit ist schließlich das Salz in der Suppe. Jeder fragt sich hin und wieder: Was macht mein Job hier eigentlich für einen Sinn? Bin ich gerade dabei, das 165ste Katzenfutter zu entwickeln? Gebe ich gerade meine Energie, meine Zeit und Kraft, um irgendein zuckerhaltiges Cola-Getränk zu entwickeln, das andere Menschen krank macht? Wenn Sie wissen wollen, was Sinn ist, dann fragen Sie sich einfach: Bauen wir hier gemeinsam an einer wünschenswerten zukünftigen Welt? Und: Auf welchen Werten beruht unser Handeln? Führungskräfte, die darauf Antworten geben können, haben eine Mission.

Die Realität sieht heute meist anders aus. Eine neue Studie der Cologne Business School (CBS) fördert das Dilemma der mittleren Führungskräfte an den Tag. Sie müssen und wollen Mitarbeiter »führen«, haben aber immer weniger Ahnung, wie sie das anstellen sollen. Die befragten 237 Führungskräfte aus dem mittleren Management (Durchschnittsalter: 41 Jahre) sagen von sich, dass Personalführung ihre wichtigste Aufgabe sei. An zweiter Stelle kommt Informationsvermittlung. Ebenfalls mehr als die Hälfte der Befragten zählen eigene Fachaufgaben und Strategieumsetzung zu ihren »wichtigen« oder sogar »sehr wichtigen« Aufgaben. Immerhin noch knapp 50 Prozent halten es für wichtig bis sehr wichtig, zu »repräsentieren«. Ein Schelm, wer da als Erstes an hubraumstarke Dienstwagen denkt.

Gehen wir die einzelnen Punkte doch einmal durch und fragen uns, was davon ein Unternehmen, das fast ausschließlich aus A-Mitarbeitern besteht, noch braucht. Führung: Ja, aber richtig. Nicht Gängelung, sondern Inspiration, Sinnstiftung, Vorbild, Hilfe und Unterstützung. Der Abteilungsleiter alter Schule wird das selten hinbekommen. Die neuen Führungskräfte müssen mehr Coachs und Mentoren als Vorgesetzte sein. Bürokraten haben ausgedient. Es sind zukünftig auch sehr viel weniger Führungskräfte nötig, als es heute Mittelmanager gibt. A-Mitarbeiter wollen die meiste Zeit in Ruhe gelassen werden. Wer sie bei der Arbeit stört, sollte wirklich einen wesentlichen Impuls geben können. Informationsvermittlung: A-Mitarbeiter beschaffen sich sämtliche Informationen selbst und sind auch in der Lage, sie selbst zu deuten. Fachaufgaben: Die bleiben, aber sie machen niemanden zum Manager. Ein Mitarbeiter, der Fachauf-

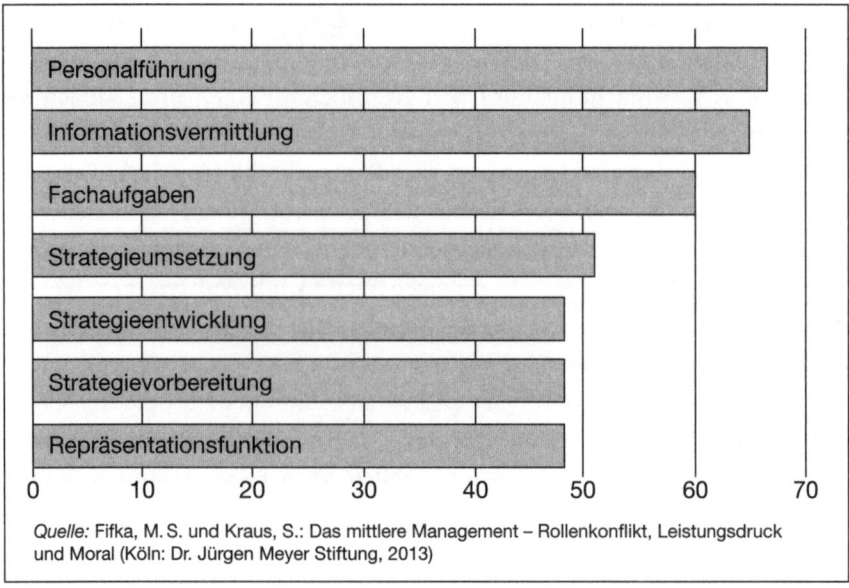

Abbildung 9: Prozentanteil, der von der Cologne Business School (CBS) befragten Führungskräfte, welche die genannten Aufgaben als »wichtig« oder »sehr wichtig« einstufen

gaben erledigt, ist in diesem Augenblick einfach ein Mitarbeiter – und hoffentlich ein A-Mitarbeiter! Strategieumsetzung: Entweder alle Mitarbeiter kennen und leben die Unternehmensstrategie – oder sie taugt nichts.

Im Übergang von Fitnesszone 2 zu Fitnesszone 3 sind Mittelmanager entweder Turbolader oder Bremsklotz. Wenn sie Turbolader sind, dann beschleunigen sie die Entwicklung, indem sie A-Mitarbeitern alles zur Verfügung stellen, was diese brauchen, um sich eines nicht allzu fernen Tages selbst organisieren zu können. Ist diese Mission erfüllt, kann der Manager gehen – so wie Heiko Fischer bei Crytek. Wenn der Mittelmanager Bremsklotz ist, dann hält er an seinen Privilegien fest, insbesondere am privilegierten Zugang zu Informationen, und frönt seinem Repräsentationsbedürfnis. Solche Bremser kann ein Unternehmen heute nicht mehr gebrauchen.

Tom Peters geht in seinem Buch *Jenseits der Hierarchien* sogar noch einen Schritt weiter, wenn er schreibt: »Keiner will die unangenehme Wahrheit hören, dass das mittlere Management die Unternehmen nicht nur bremst, sondern sogar zurückwirft.« Wenn jemand wie Tom Peters die Meinung vertritt, dass das Mittelmanagement weichen sollte und das Unternehmen der Zukunft auch ohne die »kleinen Chefs« funktioniert, dann muss er allerdings auch konsequent auf A-Mitarbeiter setzen. Und diese fallen nicht vom Himmel. Es gilt dann, überall echte A-Mitarbeiter heranzubilden, die eben mehr als Jobhopping beherrschen. Es müssen Menschen sein, die bereit und charakterlich geeignet sind, Gesamtverantwortung zu übernehmen. Menschen, die sich fragen: Wo kommt die Idee für dieses Produkt her, was soll es und was kann daraus noch werden?

Infrage kommen dafür nur solche Menschen, die den wahren Schrecken der Eigenverantwortung aushalten, der da heißt: Kostenverantwortung. Eigenverantwortung ist ja nicht bloße Selbstverwirklichung. Freiheit ist nur die eine Seite. Die andere Seite ist der schonende und intelligente Umgang mit Ressourcen, die einem nicht allein gehören, sondern allen Kollegen und der gesamten Firma. Dieses kollegiale Verantwortungsbewusstsein führt zum Beispiel bei Morning Star dazu, dass selbst ein Lkw-Fahrer in der Werkstatt sehr genau auf die Kosten achtet. Hinzu kommt, jede Aufgabe wirklich ernst zu nehmen, nicht zu verschieben oder auf andere abzuwälzen, sondern einfach zu lösen. Egal, wie viel Anstrengung es kostet. Solche Mitarbeiter sind nicht Teil des Problems, sondern Teil der Lösung. Sie stiften Mehrwert, wie das sonst nur von einem Manager erwartet wird.

Kapitel 7

Lob der Aufsässigkeit
It's okay to manage your boss

Glauben Sie, ich weiß nicht, was Sie wirklich denken, wenn Sie mir die ganze Zeit mit geschlossenen Augen zunicken?

Der Anruf kam von einem Mittelständler aus Hessen. Man hätte in der Lüneburger Heide gerade den Hauptkonkurrenten übernommen, erzählte mir der Geschäftsführer am Telefon. Zuletzt habe dieses Unternehmen rund 15 Millionen Euro Umsatz gemacht. Von den 120 Mitarbeitern seien die meisten noch da, die besten aber schon über alle Berge. »Deshalb müssen wir jetzt schnell handeln«, sagte der Manager. »Aus der Firma lässt sich was machen. Das Potenzial ist da, aber wenn noch mehr gute Leute abspringen, wird es sehr schwierig. Wann können Sie vorbeikommen?« Ich schaute in meinen Terminkalender. Größere Lücken gab es da eigentlich nicht, aber die Sache klang spannend. »Ich komme so schnell wie möglich«, versprach ich. »Wir kriegen einen Termin hin.«

Nach einer nächtlichen Autofahrt stand ich wenige Tage später tatsächlich in der Produktionshalle der insolventen Firma. Sie stellte Sportnahrung und Fitnessdrinks her im Direktvertrieb an diverse Sportstudios. Unter den Mitarbeitern war allerdings von Sportlichkeit und Fitness wenig zu spüren. Gelangweilt standen die Leute in kleinen Grüppchen herum. Als sie unsere Delegation kommen sahen, darunter den neuen Eigentümer, rannte immerhin einer los wie Usain Bolt. Allerdings nur, um die Musikanlage so weit herunterzudrehen, dass man sein eigenes Wort wieder verstehen konnte. Der Rest verkrümelte sich nach und nach hinter irgendwelchen Paletten. Wir sollten wohl nicht sehen, dass es so gut wie nichts zu tun gab.

Als die Werksführung weiterging, kamen wir an einem Pausenraum vorbei. Drinnen saßen fünf Leute und spielten Karten. Die Runde schien schon eine ganze Weile zu dauern. Das fröhliche Quintett wurde mir als die Anlagenführer vorgestellt. Ich sagte zum Produktionsleiter: »Ihr legt die Frühstückspausen wahrscheinlich so flexibel, dass sie sich nach den Laufzeiten der Maschinen richten.« Der Produktionsleiter reagierte konsterniert auf meine Bemerkung. Er wollte wissen, wie ich darauf käme. Die Pausenzeiten seien immer gleich. Es stellte sich dann heraus, dass die Arbeitswoche der fünf Anlagenführer wie folgt aussah: Zwei Tage arbeiten, drei Tage Karten spielen. Montags wurden die Anlagen betrieben, um die Produkte herzustellen. Dienstags wurde dann die gesamte Produktion vom Montag abgefüllt beziehungsweise verpackt. Ab Mittwoch setzte man sich hin und spielte acht Stunden lang Karten. Heute war Freitag und damit bereits der dritte Tag in Folge, an dem die Firma eigentlich ein Spielcasino war.

Meine mitgereisten Kollegen und ich machten dem Betriebsleiter einige Vorschläge. Wir erklärten ihm, wie man Kurzarbeit anmeldet, und rechneten ihm grob vor, was man da hätte sparen können. Wir zeigten ihm Engstellen im Betrieb, die uns sofort ins Auge sprangen und an denen man die fünf Kartenspieler sinnvoll hätte einsetzen können. Wir erläuterten, wie ein Programm für Ordnung und Sauberkeit funktioniert und an welchen Stellen im Betrieb man dazu Leute gut gebrauchen könnte. Aber es war, als ob wir gegen eine Wand redeten. Auf jeden Vorschlag kamen sofort Gegenargumente. So hieß es zum Beispiel, Kurzarbeit zu beantragen sei viel teurer, als wenn man die Leute Kartenspielen ließe.

Da hatten wir ja mal eine Betriebsleitung aus echten Schlaumeiern. Wir schauten uns an, welche Entscheidungen die Chefs in der letzten Zeit so getroffen hatten. Da war zum Beispiel ein neuartiges Fitnessgetränk kreiert worden. Wegen der einzigartigen Zutaten waren auch die Produktionskosten exorbitant. So kam es zu einem Verkaufspreis, der das Produkt praktisch unverkäuflich gemacht hatte. Die Produktion war daraufhin wieder eingestellt worden. Gerade versuchte man, die letzten Paletten loszuwerden, bevor das Mindesthaltbarkeitsdatum bedrohlich näher rückte.

Bei einem Eiweißpulver hatte man gleichzeitig auf größere Verpackungen umgestellt. An sich eine gute Idee, doch waren die Behälter viel zu schwer geraten. Deshalb hatten die Kunden in den Fitnessstudios den Daumen gesenkt. Das Pulver war unverkäuflich! Zum Zeitpunkt der Übernahme lagen noch Dutzende Lkw-Ladungen und damit fast die komplette Produktion auf Lager. Demnächst würde eine hohe Sonderabschreibung fällig werden. Die alten Chefs präsentierten uns das alles mit stolzgeschwellter Brust, als hätten sie das Rad neu erfunden. Sie zeigten uns bunte Bildchen und konnten ihre eigene Innovationskraft kaum fassen. Dass ihre Firma mittlerweile pleite war, schienen sie erfolgreich verdrängt zu haben.

Am Mittag konnte ich mich endlich ungestört auf dem Firmengelände umsehen. Ich kam mit mehreren Leuten ins Gespräch, alles einfache Mitarbeiter aus der Produktion. Der Tenor der Gespräche war immer derselbe: Hätte man die Mitarbeiter gefragt, dann wären die letzten Jahre hier anders verlaufen. Zu dem Fitnessdrink sagte einer: »Ich wusste gleich, dass den keiner kauft.« Und zu dem Pulver meinte ein anderer: »Ich habe sofort gesagt, die Packungen werden viel zu schwer. Aber auf mich hört ja keiner.« Am Ende meiner Runde war klar: Die Mitarbeiter hatten den Durchblick. Wenn es nach ihnen gegangen wäre, hätte die Firma die Pleite vermeiden können. Immer wieder hatten sich die Mitarbeiter gefragt: »Wer hat sich das alles bloß ausgedacht?« Aber die Chefs waren völlig von sich eingenommen und legten auf die Meinung der Mitarbeiter keinen Wert.

Wenn Chefs auf dem Mitarbeiterohr taub sind

Was hätten Sie dem neuen Eigentümer dieser Pleitefirma geraten? Ich verrate Ihnen, wie mein Vorschlag lautete: Alle Führungskräfte rausrasieren. Ja, Sie haben richtig verstanden: Ich spreche von Entlassung. Der Eigentümer war schockiert von dem Vorschlag. Massenentlassung von Arbeitnehmern nach Firmenpleiten – so etwas kennen wir von AEG, Grundig oder Quelle. Aber sämtliche Führungskräfte entlassen und die Mitarbeiter behalten – geht das? Ich sage: Ja. Die Führungskräfte hatten lange die Chance, das Schiff zu drehen, und haben dabei viel Geld verdient und noch mehr Geld verbrannt. Irgendwann muss Schluss sein. Der Eigentümer blieb skeptisch. Er könne seine »wichtigsten Leute« doch nicht von Bord gehen lassen. Dann bräche Anarchie aus. Ich hielt dagegen: Diese Chefs, von denen wir hier sprechen, seien nicht die »wichtigsten Leute«. Die *wichtigsten Leute* in dieser Firma waren nämlich die verbliebenen A-Mitarbeiter!

Nach einigem Hin und Her wurden zwar nicht alle Führungskräfte, aber zumindest der Betriebsleiter, der Produktionschef und der kaufmännische Direktor entlassen. Und was geschah, als der neue Eigentümer diese Entscheidung auf einer Betriebsversammlung am späten Nachmittag verkündete? Spontan kam heftiger Applaus auf. Die Mitarbeiter hatten längst begriffen, wer für die Misere verantwortlich war. Ich konnte in ihren Gesichtern sehen, wie sie jetzt wieder Mut fassten. Endlich würden sie keine unverständlichen Anweisungen von unfähigen Chefs mehr ausführen müssen. Wenn man sie nun noch nach ihrer Meinung fragen würde, könnte die Wende klappen. Und genau das hatten wir vor. Ist das Anarchie? Nein, ein Unternehmen braucht Führung. Und auch dieses Unternehmen wird weiter Führung brauchen. Aber eben keine solche Führung wie bisher. Ist eine Krise einmal so weit fortgeschritten wie hier, müssen die Chefs gehen. Es macht überhaupt keinen Sinn, ihnen jetzt eine weitere Chance zu geben. Das wird nur weitere Kosten verursachen und den Sanierungsprozess noch einmal verlängern.

Was hätte hier vorher besser laufen müssen? In diesem Unternehmen hätte ich mir aufsässige Mitarbeiter gewünscht! Die fünf Kartenspieler hätten sich vor ihren Chef stellen und sagen sollen: So geht es nicht weiter! (Ich weiß, dass viele so etwas aus Angst um ihren Job nicht tun, weil sie an ihre Familien denken, und ich habe Verständnis dafür. Trotzdem wäre es das Richtige gewesen.) Mitarbeiter und Chefs müssen hier umdenken. Chefs glauben heute oft noch, sie wüssten alles besser. Aber auch viele Mitarbeiter glauben, ihre Chefs wüssten alles besser. In Wirklichkeit gibt es doch eine klare Rollenverteilung: Die Mitarbeiter arbeiten *im* Unternehmen und die Chefs arbeiten *am* Unternehmen. Wenn der Chef seiner Rolle nicht mehr gerecht wird und das Unternehmen über kurz oder lang gegen die Wand fährt, müssen die Mitarbeiter eingreifen.

Betriebliches Vorschlagswesen als Chance
Das betriebliche Vorschlagswesen ist für einige ein alter Hut. In Wirklichkeit wird es zu Unrecht verkannt und viel zu wenig genutzt. Bei uns im Hause ist das Vorschlagswesen sehr populär. Jeder Mitarbeiter macht im Schnitt jährlich 13 Vorschläge. Bundesweiter Durchschnitt sind 0,6 Vorschläge pro Mitarbeiter im Jahr. Ein betriebliches Vorschlagswesen ist auch eine gute Möglichkeit, dem Chef zu signalisieren, dass er handeln muss: »Wenn du das nicht tust, dann mach ich jetzt einen schriftlichen Vorschlag. Vielleicht kommen die Dinge ja dann in die Gänge.« *Ein praktisches Formular für das betriebliche Vorschlagswesen können Sie kostenlos unter www.die-chef-falle. de herunterladen.*

Der amerikanische Personalexperte Bruce Tulgan hat den Spruch »It's okay to manage your boss« geprägt und ein Buch mit diesem Titel geschrieben. Der Berater und Autor meint damit, dass Mitarbeiter die Beziehung zu ihrem Chef aktiv gestalten müssen. Der Chef hat eine bestimmte Rolle – eben *am* Unternehmen arbeiten – und dient damit dem Wohl aller Mitarbeiter. Ein A-Mitarbeiter verpflichtet seinen Chef auf diese Rolle, fordert die entsprechende Leistung von ihm ein und wehrt sich gegen Einmischung in Bereiche, die ausschließlich sein Job als Mitarbeiter sind. Er leistet die Arbeit *im* Unternehmen.

Die meisten Mitarbeiter, schreibt Bruce Tulgan, hätten heute eine ganze Reihe von Chefs, sowohl direkt als auch indirekt. Mitarbeiter seien oft hin- und hergerissen, weil ihre verschiedenen Chefs unterschiedliche Interessen hätten und verschiedene Ansätze verfolgten. Alle könnten die Arbeitsbedingungen verbessern oder verschlechtern, Chancen erhöhen oder Chancen vermindern. Bruce Tulgan rät dem Mitarbeiter: »Sie sind der Einzige, der die Dinge beeinflussen kann. Sie können Ihre Rolle und Ihr Verhalten in der Beziehung (zu einem Chef) beeinflussen. Sie können beeinflussen, wie Sie aus den Beziehungen (zu Chefs) das bekommen, was Sie brauchen. Sie haben keine andere Wahl: Wenn Sie in der Firma überleben wollen, Erfolg haben wollen, sich entwickeln wollen, dann müssen Sie wirklich gut darin werden, Ihre Chefs zu managen.«

Bruce Tulgan hat völlig recht. Wenn es stimmt, dass schlechte Führungskräfte Unternehmen ruinieren, dann dürfen sich deren Mitarbeiter das nicht gefallen lassen. Mitarbeiter müssen gutes Führungsverhalten von ihren Chefs einfordern. Noch einmal: Es gibt eine klare Aufgabenverteilung. Es geht nicht darum, sich wechselseitig einzumischen und darüber zu streiten, wer es besser weiß. Sondern es geht darum, dass jeder seinen Job gut macht. Erinnern Sie sich an die kalifornische Firma Morning Star, die ganz ohne Vorgesetzte auskommt? Hier gibt es Zielverträge, in denen sich jeder Mitarbeiter verpflichtet, eine bestimmte Aufgabe zu übernehmen und klare Kennzahlen zu erfüllen. Die Kollegen schreiten ein und protestieren, wenn jemand seinen Vertrag nicht erfüllt. Das funktioniert zu einem gewissen Grad auch ohne solche Verträge. Die Mitarbeiter bei der insolventen Firma in der Lüneburger Heide hatten ihre Chefs durchschaut und wussten genau, was nicht funktionierte. Wären sie doch mutiger eingeschritten!

Es ist ja nicht so, dass einfache Mitarbeiter Dummerchen wären, bloß weil sie in einer Firma keine Führungsrolle haben. Darauf haben mich Leser meines Buchs *Die Personalfalle* sehr deutlich hingewiesen. Außerhalb der Firma tragen sie Verantwortung für eine mehrköpfige Familie, wozu man eine ganze Menge Führungsqualitäten benötigt. Sie haben ein eigenes Haus gebaut, was ein komplexes Projekt ist, das gemanagt werden will. Sie sitzen in Elternbeiräten von Schulen und in Gremien der Kirchen. Sie sind Lokalpolitiker oder haben Bürgerinitiativen gegründet. Sie haben ihren Sportverein von der Kreisliga in die Bezirksliga geführt. Das sind nur Beispiele für Qualitäten, die Mitarbeiter außerhalb ihrer Firma an den Tag legen. Sie brauchen es nicht schweigend hinzunehmen, wenn Chefs eine Firma gegen die Wand fahren.

Warum wir nicht bei null anfangen müssen

Jürgen Beneke, Professor für internationale Unternehmenskommunikation und interkulturelles Management an der Universität Hildesheim, weist in einem Beitrag für die Webseite *Success Across* zu Recht darauf hin, dass wir in Deutschland beim Thema »It's okay to manage your boss« schon viel weiter sind als beispielsweise die Amerikaner. Wenn eine amerikanische Führungskraft eines internationalen Unternehmens, vielleicht nach Stationen in England oder Spanien, zum ersten Mal nach Deutschland kommt, wird sie sich über ihre »respektlosen« deutschen Mitarbeiter typischerweise die Augen reiben. Vom Auftreten her ist der amerikanische Chef die Freundlichkeit in Person. Seine Bürotür steht immer offen, alle dürfen ihn mit dem Vornamen anreden und das Vorzimmer dient keineswegs dazu, ihn abzuschirmen. Jeder, der ein Anliegen hat, kann jederzeit direkt zu ihm kommen. Auch macht er selbst täglich seine Runde durch die Firma oder die Abteilung und hat für alle ein Lächeln und ein freundliches Wort parat.

Völlig geschockt ist der amerikanische Chef in Deutschland dann, wenn er in Meetings von seinen Mitarbeitern plötzlich Sätze hört wie: »Das ist doch völlig falsch.« Oder: »Das kann gar nicht funktionieren, das müssen wir ganz anders angehen.« Der Amerikaner versteht die Welt nicht mehr. Was ist denn hier bloß los? Anarchie? In den USA hätten seine Mitarbeiter vielleicht mal skeptisch geguckt, aber dann gesagt: »Wie du meinst. Du bist der Boss. Es ist deine Entscheidung.« Das wiederum würden Deutsche als vollkommen unterwürfig empfinden. Professor Jürgen Beneke erklärt den wesentlichen Unterschied zwischen den beiden Managementkulturen so: In den USA sind Chefs echte »Entscheider«, *Decision-makers*. Sie hören sich alle Meinungen ihrer Mitarbeiter geduldig an. Dann ziehen sie sich zurück und verkünden am nächsten Tag, wie sie entschieden haben. In Deutschland dagegen haben wir keine Entscheiderkultur, sondern eine Expertenkultur. In Meetings sitzt eine Runde von Fachexperten zusammen, die auf der Basis ihrer geballten Kompetenzen die beste Lösung sucht. Der Chef ist dabei mehr »Erster unter Gleichen« und Moderator. Sobald er sagt »Ich bin der Chef, also habe ich Recht«, suchen seine besten Leute das Weite.

Das amerikanische Modell der Trennung von Konsultation und Entscheidung stammt unverkennbar aus dem Militär. So entscheiden auch Generalstäbe. Das deutsche Modell folgt dem Wunsch nach einem gemeinsamen Konsens. Alle sollen sich einig sein, damit später auch alle an einem Strang ziehen. Es wird so lange diskutiert, bis die beste Lösung gefunden ist. Es geht um die Sache und um die Sache darf in Deutschland auch hart gestritten werden. Wenn ein deutscher Ingenieur zu seinem Entwicklungschef sagt: »Das kann nicht funktionieren«, dann geht es ihm meistens um die Sache. Ein amerikanischer Entwicklungschef würde das möglicherweise als persönlichen Angriff auf seine Autorität verstehen. Jürgen Beneke schreibt, dass »für Deutsche die fachlich begründete Position in jedem Fall mehr zählt als eine etwaige Gesichtsbedrohung des Angesprochenen: ›Man wird doch wohl seine gut begründete Auffassung vertreten dürfen, und dies in aller gebotenen Deutlichkeit. Ich will doch nicht immer um den heißen Brei herumreden müssen.‹ Da deutsche Vorgesetzte diesen Kommunikationsstil kennen, nehmen sie ihn auch nicht übel.«

Wenn Sie dieses Buch bis hierhin gelesen haben, dann wissen Sie, dass ich sehr häufig in den USA bin. Ich bin dort Mitglied in Unternehmerverbänden und Aufsichtsräten, besuche Kongresse und lese nicht zuletzt auch fast alles an neuer Managementliteratur, das ich in den Buchhandlungen bekommen kann. Im Personalbereich sind die Amerikaner uns weit voraus, auch wenn die Krise sie in anderen Bereichen der Wirtschaft voll erwischt hat. Doch in diesem Kapitel möchte ich der deutschen Aufsässigkeit einmal ein großes Lob spenden. Wir haben in Deutschland extrem gut ausgebildete Fachkräfte, die ihren Chefs jederzeit offen die Meinung sagen. Das ist ein großes Kapital! Wenn der Chef keine einsamen Entscheidungen trifft, sondern gemeinsam mit seinen Experten um die beste Lösung ringt, ist das Ergebnis in der Regel sehr viel besser. Und alle sind am Schluss auch motiviert, die gemeinsam gefundene Lösung umzusetzen.

kununu: Mitarbeiter bewerten ihren Arbeitgeber
kununu ist eine Website, auf der Mitarbeiter ihren (jetzigen oder ehemaligen) Arbeitgeber bewerten können. Erstmals in Deutschland werden hier Arbeitgeber von Arbeitnehmern ähnlich bewertet wie Produkte von Verbrauchern. Auf kununu können Mitarbeiter ihren Chefs sagen, wo es langgeht. Als kununu vom Karrierenetzwerk XING übernommen wurde, war das in der Personalerszene ein Paukenschlag – im positiven Sinne. Hier wird ein echter Kulturwandel eingeläutet. Je schlechter die Mitarbeiterbewertungen im Internet, desto schwieriger wird es für Unternehmen in Zukunft sein, an die begehrten A-Mitarbeiter zu kommen. Noch glauben einige Unternehmen, sie könnten so

In meinem Unternehmen habe ich einen Marketing- und Vertriebsleiter, der überragend gute Arbeit macht. An dem Tag, an dem ich ihm sagen würde: »Schau, ich bin hier der Inhaber, also mach das jetzt mal so und so«, würde er sich an seinen Computer setzen und nach Stellenangeboten recherchieren. A-Mitarbeiter wollen Entscheidungsfreiheit haben und bei wichtigen Entscheidungen, die das ganze Unternehmen betreffen, mitreden. Es ist eine große Stärke gerade unseres Mittelstands, dass wir auf Expertenmeinungen setzen und Entscheidungen im Konsens treffen.

Wir fangen also nicht bei null an. Aber wir können noch besser werden! Wir müssen einfach noch mehr Mitarbeiter ermutigen, sich als »Experten« für ihren Arbeitsbereich zu begreifen. Das macht A-Mitarbeiter ja aus, dass sie ihr Arbeitsumfeld besser kennen als jeder ihrer Chefs. Erinnern Sie sich an Frau Azuela, die Hausdame im Ritz-Carlton in San Francisco? Auf ihrer Etage machte ihr niemand etwas vor. Und genauso war es auch mit den Anlagenführern in der Lüneburger Heide, die von ihren Chefs zum Kartenspielen abkommandiert wurden. Mit der Technik kannten sie sich ganz genau aus. Sie hätten sich einmischen sollen und das Management hätte ihnen zuhören müssen.

Ich sage: Wenn es dein Chef nicht bringt, dann bist du, lieber Mitarbeiter, in der Pflicht, zum Wohl deiner Firma einzugreifen. Und wenn dein Chef dich partout nicht mitreden lässt, was dann? Die Antwort an dieser Stelle heißt: »Love it, change it, or leave it.«

- **Love it** – Vielleicht kannst du dich mit der Situation abfinden und sogar damit anfreunden. Schlecht für den Chef und die Firma. Denn es bessert sich nichts.
- **Change it** – Sage deinem Chef, dass seine Schonzeit abgelaufen ist. Er hat seine Chance gehabt, aber er hat zu wenig getan. Jetzt ist Schluss

mit lustig. Er bekommt Gegenwind in Form von klar formulierten Erwartungen.

- **Leave it –** Wenn sich nichts bessert, ist die Stunde gekommen, um selbst Konsequenzen zu ziehen. Es gibt genug Unternehmen, wo du als A-Mitarbeiter hoch willkommen bist. Suche dir dort eine wichtige Position *im* Unternehmen, damit dein Chef endlich die Zeit hat, *am* Unternehmen zu arbeiten.

Eines ist sicher: B- und C-Chefs richten einen noch viel schlimmeren Schaden an als B- und C-Mitarbeiter. Solange wir Chefs noch denken: Wir sind die besten und wichtigsten Menschen im Unternehmen, sollten wir gewarnt sein. Vielleicht kennen Sie den Spruch: Drei Flaschen im Keller sind relativ wenig, aber drei Flaschen im Vorstand sind relativ viel. Also müssen wir als Chefs uns immer wieder fragen: Wer sind unsere besten Mitarbeiter und was können wir von ihnen lernen?

Ohne aufsässige Mitarbeiter gäbe es dieses Buch nicht

Das Buch, das Sie gerade lesen, verdankt sich zu einem gewissen Teil der Tatsache, dass es in den Unternehmen im deutschsprachigen Raum selbstbewusste Mitarbeiter gibt, die das Weltbild von Chefs kritisch infrage stellen. In meinem Buch *Die Personalfalle* habe ich gezeigt, wie schlechtes Personalmanagement Unternehmen ruiniert, weil B- und C-Mitarbeiter ungestört Unheil anrichten können. Ich traue mich kaum, es Ihnen zu gestehen, aber als ich vor wenigen Jahren jenes Buch schrieb, war die Welt für mich noch völlig in Ordnung. Wenn nur die Mitarbeiter so gut wären wie ihre Chefs, dachte ich, dann wäre doch alles in Butter.

Die Personalfalle landete prompt auf verschiedenen Bestsellerlisten und fand ein riesiges Presseecho. Die Aussage war eindeutig: Des Pudels Kern heißt A-, B- und C-Mitarbeiter, und wer als Chef einmal über diese Spreizung nachdenkt und Konsequenzen zieht, der erlebt Wunder. Wenn der Mitarbeiter will und vorangeht, dann wird alles gut. Wenn er nicht will, dann zieht er die Firma in den Abgrund. Soweit mein Weltbild als Chef.

Dann kam der Dezember 2010, es war wenige Tage vor Heiligabend. Ich hatte auf meinem YouTube-Kanal ein Video mit dem Titel »Ruinieren C-Mitarbeiter unser Land?« eingestellt. Wie ich an anderer Stelle in diesem Buch schon einmal kurz erwähnt habe, rollte daraufhin eine Welle an Kommentaren auf mich zu, mit der ich niemals gerechnet hätte. Im Kern gab es zwei völlig unterschiedliche Botschaften für mich. Die erste lautete: Richtig so! Deine ABC-Geschichten geben die Wirklichkeit ganz gut wieder. Bloß ist alles noch viel dramatischer. Ich könnte dir Geschichten erzählen, da gehen dir die Fußnägel ab. Die zweite Botschaft lautete: Du liegst völlig daneben, ständig nur auf uns Mitarbeitern herumzuhacken. Wir B- und C-Mitarbeiter sind doch nicht vom Himmel gefallen, sondern unsere Chefs haben uns dazu gemacht.

Dieses Feedback von Mitarbeitern verschiedener Unternehmen hat mich zum ersten Mal darüber nachdenken lassen, ob ich nicht die Chef-Seite zu sehr ausblende, weil ich selbst Chef bin. Monate später, nachdem ich auch mit vielen Experten gesprochen hatte, wurde mir klar, dass das, was ich in der *Personalfalle* geschrieben hatte, zwar keineswegs falsch war, aber einseitig. So kam es letztlich zu dem Entschluss, ein weiteres Buch zu schreiben. Diesmal über die andere Seite der Medaille, die Chef-Seite. Ohne das kritische Feedback auf die *Personalfalle* wäre es nicht dazu gekommen. Ich habe daraus gelernt: Aufsässige Mitarbeiter sind zwar anstrengend, aber wertvoll. Als Chefs sollten wir dankbar sein, wenn unsere Mitarbeiter uns korrigieren. Wer lernen und weiterkommen will, sollte sich gerade mit denjenigen Mitarbeitern befassen, die komplett anderer Meinung sind. Was könnte an ihrer Kritik dran sein?

Übrigens gab es auf YouTube auch ausgewogene Kommentare. Einer davon war dieser:

willyroad   vor 2 Jahren

Wenn meine Kinder sich gut oder schlecht verhalten, dann liegt dies nicht nur an meinen Kindern. Auch als Vater muss ich dafür sorgen, dass die richtige Führung und Rahmenbedingungen vorhanden sind. Ähnlich ist es im Betrieb: ich habe oft gesehen, wie ehemals gute Mitarbeiter durch unzureichende Rahmenbedingungen und Führung schlechte Arbeit leisten ... um dann unter geänderte Bedingungen wieder gut zu arbeiten. Können wir nicht dafür sorgen, dass das Großteil unsere C-Mitarbeiter besser werden?

Antworten   ·   👍 👎

Ein weiterer Nutzer schrieb:

 RSchieferdecker vor 2 Jahren

Wie sagt man so schön: Der Fisch stinkt vom Kopf. Wenn die ABC-Verteilung überall gilt –
und jeder mit etwas Berufserfahrung wird das bestätigen – dann finden wir sie auch bei
den Führungskräften. A-Mitarbeiter brauchen auch A-Führung.

Herr Knoblauch, wie wäre es mit einem neuen Buchprojekt? Die Personalführungsfalle,
oder so ähnlich …

Antworten ·

Ich kenne Herrn Schieferdecker nicht persönlich, aber auch ihm verdanke
ich ein Stück weit dieses Buch. Er hat gleich weitergedacht und gefragt:
Wie wäre es mit einem weiteren Buch, diesmal über das Versagen der
Chefs? Da habe ich also plötzlich Hunderte Zuschriften erhalten, in denen
Menschen sehr glaubhaft versichern, dass sie keineswegs von Natur aus
B- und C-Mitarbeiter seien. Offensichtlich hatten ihre Chefs sie dazu ge-
macht.

Daraufhin habe ich angeregt, diese Frage in unserer eigenen Unternehmensgruppe zu diskutieren. Woran liegt es, wenn Unternehmen versagen?
Liegt es mehr an den Mitarbeitern oder mehr an den Chefs? Ob es mir
nun gefiel oder nicht: Ich musste akzeptieren, dass die Stimmungslage bei
uns ganz ähnlich war wie im Internet: Im Zweifel liegt es an den Chefs,
wenn etwas schiefläuft. Das Thema A-, B- und C-Mitarbeiter ist richtig,
aber bei einem B- oder C-Chef hat ein A-Mitarbeiter keine Chance. Wir
haben uns dann gefragt, was ganz konkret die Chefs denn falsch machen.
Einige der Antworten, auf die wir gekommen sind, möchte ich Ihnen hier
als Denkanstoß präsentieren:

• **Der Einstellungsprozess ist der Engpass –** Viel zu viele Chefs lassen
in Personalfragen ihr Bauchgefühl entscheiden. Doch was ist, wenn zu
wenig Personalkompetenz im Haus ist und diese auch nicht teuer ein-
gekauft werden kann? Dann ist Kreativität gefragt. Ich habe als junger Unternehmer einen Personalexperten aus einem Großunternehmen
nach Geschäftsschluss vorbeikommen lassen und ihm für diese Neben-
tätigkeit ein Honorar gezahlt.

- **Die ersten 100 Tage und die Probezeit werden zu wenig genutzt –** In dieser Zeit kann man als Chef viel falsch machen. Werden mit dem neuen Mitarbeiter Meilensteine vereinbart? Meilensteine sind Ziele, über die man während des Einstellungsprozesses gesprochen hat. Holt sich ein Chef nach der Hälfte der Probezeit noch einmal ein Ja vom neuen Mitarbeiter? Wir erwarten sogar ein fünffaches Ja: vom Mitarbeiter, von den Kollegen, von den Vorgesetzten, von den Kunden und vom Lebenspartner bzw. der Familie des Mitarbeiters.
- **Es gibt keine wirkliche A-Kultur –** In einer Hochleistungskultur muss der Chef dafür sorgen, dass der Funke der Begeisterung auf einen einzelnen Mitarbeiter überspringt. Will dieser Funke nicht recht überspringen, dann ist es der Chef, der sich fragen muss: Habe ich dem Mitarbeiter das gegeben, was ich ihm versprochen habe an Kompetenzen, Möglichkeiten und nicht zuletzt auch an Gehalt? Habe ich ihm meine eigene Begeisterung gezeigt oder ihn im Regen stehen lassen?
- **C-Mitarbeiter dürfen machen, was sie wollen –** Kein Chef wird A-Mitarbeiter lange halten können, wenn er gleichzeitig C-Mitarbeiter gewähren lässt. Wer sich nicht entschieden auf A-Mitarbeiter fokussiert, dessen A-Mitarbeiter werden sich nach und nach verabschieden. A-Mitarbeiter haben heute nun einmal überall Chancen. Da reicht schon eine kleine Unzufriedenheit und der Betreffende orientiert sich neu.
- **Es gibt zu wenig Wertschätzung –** Die Wertschätzung gegenüber Mitarbeitern sollte Chefs ein echtes Anliegen sein. Und sie muss glaubwürdig sein. Es gibt einen bei Chefs beliebten Kalender, in dem steht an jedem 21. des Monats: »Hast du heute deine Mitarbeiter schon gelobt?« Läuft ein Chef immer am 21. durch die Büros und die Produktion, klopft jedem auf die Schulter und sagt allen, wie gut sie sind, dann zeigt er, dass er wenig verstanden hat. Wertschätzung heißt, die *Werte*, die Mitarbeiter schaffen, wirklich zu *schätzen*. Und das jeden Tag.

Bestimmt fallen Ihnen noch weitere Punkte ein. Wie auch immer Sie über die Ursachen schlecht geführter Unternehmen denken: Seien Sie als Chef froh, wenn Sie aufsässige Mitarbeiter haben, die Sie auf Schwachstellen hinweisen und Sie anspornen, besser zu werden. Reagieren Sie auch dann souverän, wenn Mitarbeiter ihren Frust in schroffer Form ablassen. Nehmen Sie so etwas nicht persönlich, sondern gehen Sie den Dingen auf den Grund. Wo hakt es? Welches sind die Ursachen für Unzufriedenheit bei Mitarbeitern? Als Mitarbeiter rate ich Ihnen: Bleiben Sie dran! Lassen Sie nicht locker und fordern Sie von Ihren Chefs, dass diese einen guten Job machen. Sie erweisen ihnen und der ganzen Firma damit einen Dienst.

Ihre Meinung zählt!
Als Autor bin ich immer sehr an der Meinung meiner Leser interessiert. Ich wäre Ihnen von Herzen dankbar, wenn Sie folgende zwei Fragen ehrlich beantworten würden:

Zu wie viel Prozent verderben Chefs den Unternehmenserfolg?

☐ 100 % ☐ 80 % ☐ 60 % ☐ 40 % ☐ 20 % ☐ 0 %

Zu wie viel Prozent verderben Mitarbeiter den Unternehmenserfolg?

☐ 100 % ☐ 80 % ☐ 60 % ☐ 40 % ☐ 20 % ☐ 0 %

Gehen Sie auf www.die-chef-falle.de/umfrage und stimmen Sie ab!

Kapitel 8

Risiko Personalchef
Warum der Personaler an den Vorstandstisch muss

Der Personaler ist das Schattengewächs in den Unternehmen. Nicht wenige Mitarbeiter kennen ihren Personalchef als einen freundlichen, aber blassen Bürokraten, der auf Betriebsversammlungen Neuerungen bei der Sozialversicherung verkündet. Eine Umfrage der Fachhochschule Koblenz bestätigt dieses Image: 61 Prozent der Mitarbeiter in Unternehmen sind demnach der Meinung, dass ihr Personaler in der Rolle des Verwaltungsfachmanns am meisten überzeugt. Und sogar 67 Prozent meinen umgekehrt, dass er als Business-Stratege, Change-Manager oder Coach der Mitarbeiter eine glatte Fehlbesetzung wäre.

Christoph Beck, Professor für Personalmanagement an der FH Koblenz und für die Studie verantwortlich, sieht ein Riesenproblem darin, dass sich

Personaler in Deutschland auf eine passive Rolle festlegen lassen. Statt in die Offensive zu gehen, bemühen sie sich, »nett zu sein« – was laut der Studie der größte Wunsch der Mitarbeiter an den Personaler ist! Und manche Personaler sind nicht mal nett. Sie erinnern mich vielmehr an den Helden der Fernsehserie *Stromberg*. Der will stets im besten Licht erscheinen und ist von seinen Leistungen restlos überzeugt. In Wirklichkeit hinterlassen sein fehlender Weitblick und seine unterirdische Sozialkompetenz eine Schneise der Verwüstung in der Firma, die ihn als Führungskraft beschäftigt.

Wie viel anders wünscht man sich den Personaler dagegen in den USA und Kanada! Das wurde mir vor kurzem wieder klar, als ich wie jedes Jahr auf der SHRM war. Diese vier Buchstaben sagen Ihnen möglicherweise nichts. Die SHRM (ausgesprochen ungefähr *schörm*) ist die größte Personalmesse der Welt und findet in der ersten Hälfte jedes Jahres in einer amerikanischen Großstadt statt. Vier Tage lang geht es nur um Personal, Personal, Personal. Aus der ganzen Welt eilen die Personalchefs und Personalgurus herbei, um das Neueste aus dem Bereich HR zu diskutieren. Schon lange ist man sich hier einig, dass ein moderner Personaler alles andere sein soll als ein blasser Bürokrat. Und wenn es ein Thema in den letzten Jahren gab, das auf der SHRM unüberhörbar diskutiert wurde, dann ist es die Forderung: Der Personaler muss an den Vorstandstisch!

Warum werden Finanzvorstände (CFOs) keine Geschäftsführer (CEOs)? Ganz einfach: Sie verstehen zwar etwas von Zahlen, aber sie verstehen nichts von Menschen. Warum werden Personaler keine Geschäftsführer? Einfach deswegen, weil Sie sich zu sehr vom Geschäft entfernt haben und nicht mehr das große Ganze sehen. Trotzdem ist es ist heute meistens noch so, dass es zwar einen Finanzvorstand gibt, aber nur selten einen Personalvorstand. Der Finanzer sitzt neben dem Boss und der Personaler sitzt irgendwo. Nun geht jedoch in allen außergewöhnlich erfolgreichen Unternehmen der Fokus weg von den Zahlen und hin zu den Menschen. Nicht wer das meiste Geld gebunkert hat, sondern wer den höchsten Anteil an A-Mitarbeitern hat, wird in Zukunft die Nase vorn haben. A-Mitarbeiter rennen den Firmen jedoch selten die Türen ein, sondern wollen aktiv umworben und später gefördert und gehalten werden. Mit anderen Worten: Der Personaler ist immer entscheidend gefordert, während man den Finanzer – hoffentlich – nur ab und zu braucht. Trotzdem versteht sich bis jetzt kaum ein Personaler als echter Topmanager.

Auf der SHRM war interessant zu beobachten, dass die Forderung »Personaler an den Vorstandstisch!« nicht so sehr von den Personalern selbst kam. Letztere haben sich wohl mehrheitlich an ihr Schattendasein gewöhnt. Nein, es ist die Unternehmensspitze, es sind die Vorstandschefs, die das wollen. Es gibt sogar CEOs, die regelrecht drohen und sagen: Wenn du, mein lieber Personaler, nicht in die Gänge kommst und diesen Bereich engagiert in die Hand nimmst und gestaltest, dann werde ich dich eben ersetzen. Oder ich werde jemanden, der bereits am Vorstandstisch sitzt, zum Beispiel den kaufmännischen Leiter, beauftragen, dass er deinen Bereich mit übernimmt. Die Botschaft der obersten Chefs ist unmissverständlich: Personal ist wichtiger, als selbst du, mein lieber Personalchef, denkst. Es ist eine Vorstandsaufgabe. Du musst dich als Topmanager und Stratege begreifen, der *am* und nicht *im* Unternehmen arbeitet.

Rühmliche Ausnahmen bestätigen auch in Deutschland die Regel. Mir fällt da sofort Thomas Sattelberger ein, der sich als Personalvorstand der Deutschen Telekom auch in gesellschaftliche Debatten einmischte und dadurch vielen ein Begriff wurde. In einem Interview kurz vor seiner Pensionierung sagt er: »Ich bin in erster Linie Vorstandsmitglied. Zweitens bin ich Personalvorstand und drittens Arbeitsdirektor. In dieser Reihenfolge sehe ich meine Verantwortlichkeiten – das ist die Basis einer zukunftsgewandten, ehrlichen und fairen Sozialpartnerschaft.« Ebenfalls einer breiteren Öffentlichkeit bekannt wurde Margret Suckale, die als Personalvorstand der Deutschen Bahn im Jahr 2007 mit der Gewerkschaft der damals streikenden Lokführer hart verhandelte. Nach einer Zwischenstation bei der neu gegründeten DB Mobility Logistics AG wechselte Margret Suckale im Juli 2009 zu BASF als Leiterin der Zentraleinheit »Global Human Resources« und ist heute bei der BASF SE auch wieder Mitglied des Vorstands. Eine prominent besetzte Jury wählte die Personalerin im Jahr 2008 zur »einflussreichsten Businessfrau Deutschlands«.

Thomas Sattelberger oder Margret Suckale – das waren und sind keine Rädchen im großen Räderwerk eines Getriebes. Solchen Personalern gehört die Zukunft! Sie sind an der Spitze, sie sind starke Führungspersönlichkeiten. Sie lassen keinen Zweifel an der Bedeutung ihrer Aufgabe. Nicht zuletzt sind sie alles andere als öffentlichkeitsscheu, sondern prägen im Gegenteil die gesellschaftliche Debatte um die Zukunft der Arbeit entscheidend mit. Und im Mittelstand? Da gilt exakt das Gleiche, bloß auf etwas kleinerer Flamme. Sobald es einen eigenen Personaler gibt, ist er die zweitwichtigste Führungskraft nach dem Chef. Leider sind noch zu viele Personaler meilenweit davon entfernt.

Wenn der Personaler als Führungskraft abgemeldet ist

Als ich vor über einem Jahr im *manager magazin* den Artikel »Die Frust AG« las, wusste ich nicht, ob ich applaudieren oder weinen sollte. Anhand von zahlreichen Beispielen aus großen Unternehmen zeigt der Artikel genau das, was ich seit Jahren im Mittelstand kritisiere: Wenn Personalmanager ihre Aufgabe falsch begreifen, dann werden Mitarbeiter nicht zu A-Mitarbeitern entwickelt, die Stimmung geht in den Keller und die Produktivität leidet. Gerät ein Unternehmen in die Krise, dann wird als Erstes am Personalmanagement gespart, weil Personalarbeit vielfach als überflüssiger Luxus gilt. Martin Claßen, Autor einer Studie zum Stellenwert der Personalabteilung in deutschen Unternehmen, sagt gegenüber dem Magazin: »Unternehmensführungen geben den Druck aus der Entwicklung des operativen Geschäfts ungefiltert an die Personalmanager weiter. Die Kernbotschaft lautet dann immer: Hauptsache, ihr werdet billiger.«

Und die Personaler? Die leisten eben oft deshalb keinen Widerstand, weil sie sich mit ihrer Rolle als Mauerblümchen im Unternehmen arrangiert haben. Es fehlt ihnen an Selbstbewusstsein und an Gestaltungswillen. Die Folge: Irgendwann kommen Strategieberatungen vom Schlage McKinsey ins Haus, die dann im Personalbereich oft genau das durchsetzen, was der Personaler auch schon immer vorgeschlagen hat. Der Unterschied besteht darin, dass der Chef den Personaler einfach nicht ernst genommen hat, aber jetzt, wo McKinsey in anderen Worten genau das Gleiche sagt, klingt es für ihn auf einmal wie der Weisheit letzter Schluss. Manchmal sind es nur Kleinigkeiten, die den Unterschied machen. Da werden beispielsweise der täglich frische Obstteller und das Mineralwasser im Büro gestrichen. Obst muss sich künftig jeder selbst mitbringen und Wasser gibt es am Automaten auf dem Flur für einen Euro. Eigentlich lächerlich, aber A-Mitarbeiter nehmen so etwas übel. Der Obstteller hat nämlich mit Wertschätzung zu tun, die hier ohne nachvollziehbaren

Grund entzogen wird. Was kosten schon ein paar Bananen, Äpfel oder Weintrauben? Wenn A-Mitarbeiter sich aber nicht mehr wohlfühlen und deshalb kündigen, dann wird es richtig teuer.

Internationale Personalmessen: Welche lohnen sich?

Immer wieder bekomme ich zwei Fragen gestellt. Die erste: Du fliegst zu Personalmessen eigens über den Atlantik – lohnt sich das überhaupt? Antwort: klares Ja. Auch wenn Amerika in immer weniger Bereichen tonangebend ist, beim Thema Personal sind uns die USA fünf Jahre voraus. Kanada ist sogar fünf bis zehn Jahre weiter. Zweite Frage: Wenn sich das lohnt, wo muss man hin? Hier sind meine Tipps:

- **SHRM Annual Conference** – Größte Personalmesse der Welt und ein absolutes Muss für Trends im Bereich Personalmanagement. Hier treffen sich einmal im Jahr die Gurus und die Leader aus allen Kontinenten. Veranstalter ist die *Society for Human Resource Management,* kurz: SHRM. Der Austragungsort wechselt.
  Website: http://annual.shrm.org
- **HRPA Conference** – Die größte Personalkonferenz in Kanada setzt ebenfalls häufig internationale Trends. Veranstalter ist die *Human Resources Professionals Association* (HRPA), der führende Verband für Personaler in Kanada. Austragungsort ist Toronto.
  Website: www.hrpa.ca/conf20XX (für XX das aktuelle Jahr einsetzen)
- **ERE Recruiting Conference & Expo** – Spezialkonferenz zum Thema Recruiting, die jedes Jahr im Frühjahr in wechselnden Städten der USA stattfindet. Drei Tage lang tauschen Hunderte Recruiting-Profis ihr Wissen aus. Wer Inspiration sucht, wie man A-Mitarbeiter findet, ist hier richtig.
  Website: www.ererecruitingconference.com

Eine Zusammenstellung weiterer interessanter deutscher und internationaler Personalmessen finden Sie kostenlos unter www.die-chef-falle.de.

Sobald man einsieht, dass A-Mitarbeiter der Schlüssel zu allem sind, wird man auch bei jeder strategischen Weichenstellung den Personaler brauchen. Manche Vorstandschefs und Geschäftsführer großer Mittelständler sagen sich jedoch: Ja, Personal wird immer wichtiger. Aber dann erkläre ich Personal am besten gleich zur Chefsache und kümmere mich persönlich darum. Einen Personalexperten neben mir am Tisch brauche ich nicht. Doch das ist ein Irrtum und keine Lösung. Auch Thomas Sattelberger ist skeptisch. Er hält es eher für eine Entwertung des Personalressorts als einen Fortschritt, wenn der Vorstandschef sich gleichzeitig zum obersten Personaler erklärt. In seinem Abschiedsinterview meinte er: »Es ist eine traurige Tatsache, dass noch zu wenig Personaler ihr Ressort wirklich ausfüllen. Personalmanagement braucht Courage und den Mut, auch Druck und Widerstände auszuhalten – da haben manche Personaler noch Nachholbedarf.«

Es bleibt also viel zu tun. Um gerade mittelständische Unternehmen zu einer besseren Personalarbeit anzuspornen, wurde der »BestPersAward« ins Leben gerufen. Die Auszeichnung wird vom Institut für Managementkompetenz (imk) an der Universität des Saarlandes vergeben. Personalverantwortliche, die sich um die Auszeichnung bewerben, werden von den Wissenschaftlern im Hinblick auf Professionalität und Zukunftsfähigkeit durchleuchtet. Nur wer über Jahre eine proaktive, moderne, solide Personalarbeit gemacht hat, kann sich Hoffnungen auf den Preis machen. Sämtliche Teilnehmer erhalten außerdem ein vertrauliches Feedback über die Stärken und Schwächen ihrer Personalarbeit. Wir waren sehr stolz, mit unserer damaligen Firma drilbox (die inzwischen verkauft ist) im Jahr 2005 zu den Preisträgern zu gehören. Ich wünsche mir noch viel mehr solche Initiativen, welche die Schlüsselstellung der Personalarbeit stärker ins Bewusstsein rücken. *Übrigens: Wenn Sie sich als Personaler bei tempus zertifizieren lassen wollen, finden Sie unter www.die-chef-falle.de kostenlos Informationen über unsere Ausbildung zum Certified Recruiting Professional (CRP).*

Sieben Trends im Personalmanagement

Ich verfasse jedes Jahr eine kleine Liste der aktuellen Trends im HR-Bereich. Meine aktuelle Liste sieht so aus:

Trend 1: Der Personaler steht immer mehr im Mittelpunkt. Er gehört an den Vorstandstisch, weil er ähnlich wie der Sportdirektor im Fußball aus den besten Spielern die richtigen aussucht. Gemeinsam mit dem Trainerstab ist er für die Spieltaktik und das Wohlergehen der Spieler verantwortlich.

Trend 2: Social Media ist entscheidend zur Gewinnung von Talenten. Die Nutzung sozialer Netzwerke ist in Deutschland eher noch in den Kinderschuhen, in den USA dagegen in vollem Gange. Bei der Personalsuche wird verstärkt auf soziale Netze gesetzt, insbesondere wenn es darum geht, junge Talente zu finden. Der Einsatz von Social Media macht die Unternehmen proaktiver.

Trend 3: Weltweit lassen sich immer mehr Personaler zertifizieren. In den USA und Kanada gibt es schon Zigtausende zertifizierter Personaler. Sie tragen diesen Titel voller Stolz auf ihrer Visitenkarte. Dieser Trend wird innerhalb der nächsten fünf bis zehn Jahre auch bei uns in Europa deutlich erkennbar werden.

Trend 4: Bei Mitarbeitern nimmt die Zahl der Quereinsteiger zu. Während bei der Rekrutierung in Deutschland noch sehr stark Fachwissen abgeprüft wird, wird dies in immer mehr Ländern einfach vorausgesetzt. Der Schwerpunkt dort liegt im Bereich der charakterlichen Stärken und Schwächen gemäß dem Motto: »Hire for attitudes, train for skills.«

Trend 5: Der globale Talentwettbewerb lässt Talente immer knapper werden. Obwohl in den meisten Ländern die Arbeitslosigkeit deutlich höher ist als in Deutschland, sind Talente überall knapp! Der globale Talentwettbewerb hat sich deutlich verschärft, denn der Arbeitsmarkt ist leergefegt. Egal ob in München, Moskau oder Mumbai.

Trend 6: Die Kritik an Führungskräften nimmt zu. Viele Arbeitnehmer geben ihren Vorgesetzten schlechte Noten, wenn es um das Thema Führungsverhalten geht. Um das zu ändern, wird massiv in die Ausbildung von Führungskräften investiert. Das Ziel: Führungskräfte müssen wieder führen!

Trend 7: Der wirtschaftliche Wandel verstärkt den Bedarf an A-Mitarbeitern. Ähnlich wie bei der Tour de France ist es auch unter den Firmen: Das Rennen wird in den Bergen entschieden. Es gibt zunehmend strapaziöse Phasen. Um die zu bewältigen, braucht es A-Mitarbeiter, wenn irgend möglich sogar »AA«-Mitarbeiter. Denn für Unternehmen außerhalb des Bankensektors gibt es keine Rettungsschirme.

Leider gibt es immer noch Personaler, die Wettbewerbe wie den »Best-PersAward« nicht einmal kennen. Und auch sonst gehen sie nicht gerade mit offenen Augen durch die Welt. Denn als zum Beispiel das Social-Media-Zeitalter ausbrach und junge Talente anfingen, sich auf Facebook oder Twitter nach attraktiven Arbeitgebern umzusehen, wurde in vielen Personalabteilungen der Schuss nicht gehört. Zum »Employer branding« gehört heute zwingend eine Digitalstrategie. Und doch gibt es Firmen, die bis dato gerade einmal eine Website haben, aber auf Facebook, Twitter,

YouTube und selbst auf Xing so gut wie unsichtbar sind. Für die DAX-Unternehmen werden dabei längst »Facebook-Charts« geführt: Welches Unternehmen hat die meisten »Likes«? Keine unwichtige Zahl, denn es sind oft junge, gut ausgebildete Talente, die auf Facebook ihr »Gefällt mir« an Firmen verteilen – oder eben auch nicht.

Was auffällt: Die Pioniere der Präsenz auf Social Media haben weiter die Nase vorn, während die Nachzügler kaum noch eine Chance haben, aufzuholen. So hatte Adidas schon am 31. Dezember 2010 mehr als 11,8 Millionen Facebook-»Fans« und führte damit die Facebook-Charts der DAX-Unternehmen an. Auf den Plätzen zwei und drei folgten Volkswagen und BMW mit rund 6,6 Millionen beziehungsweise 5,4 Millionen »Likes«. Doch bedeutende Unternehmen wie Fresenius, Linde oder Merck glaubten damals offenbar noch überhaupt nicht, im »Kampf um Talente« auf Facebook punkten zu können. Denn sie besaßen überhaupt keine Facebook-Seite. Allerdings noch aussagekräftiger als die »Likes« auf Facebook ist der Traffic auf den Karrierewebseiten der Unternehmen. Wer dort gut ist, kann man an den entsprechenden Rankings erkennen.

Gut zwei Jahre später, am 1. März 2013, war die Kluft zwischen den DAX-30-Unternehmen immer noch mehr oder weniger dieselbe. BMW hatte jetzt auf 12,8 Millionen Facebook-»Fans« zugelegt und sich damit an die Spitze vorgearbeitet. Adidas stagnierte auf seinem hohen Niveau von über 11 Millionen Fans. SAP konnte immerhin noch 172 763 Facebook-Nutzer für sich begeistern, während Schlusslicht Linde bei 2748 »Likes« dahindümpelte. Übrigens hat »The Linde Group«, wie Linde jetzt offiziell heißt, mehr als 20 Mal so viele Mitarbeiter wie Facebook-»Fans«, insgesamt rund 56 300. Die Facebook-Seite »The Linde Group Careers« ist dabei durchaus charmant gemacht. Sie wird regelmäßig gepflegt und es gibt einen Bereich »Meet the HR-Team«. Doch wer einmal die Trends im »War for Talents« verschläft, weil Personalmanagement eine zu niedrige Priorität hat, der holt nur noch schwer auf. Ein Grund mehr, warum Personaler an den Vorstandstisch gehören.

Wie der Personaler zum Stellvertreter des Chefs wird

Das Ziel ist klar, doch der Weg ist weit. Das Ziel lautet: Der Personaler muss neben dem Chef sitzen. Der Weg dorthin kann kein einheitlicher sein, weil die Voraussetzungen in Unternehmen unterschiedlicher Größe und Branchen heute andere sind. Bei den DAX-30-Unternehmen ist der Personaler am Vorstandstisch schon größtenteils Realität: Volkswagen, Lufthansa, Daimler, BMW, Bayer, Siemens, Telekom, Henkel oder Continental – sie alle haben ein Vorstandsmitglied für HR. Dieses Vorstandsmitglied betreut allerdings manchmal noch andere Bereiche, so bei Lufthansa das »Ressort Verbund-Airlines« oder bei der Commerzbank das »Business Segment Non-Core Assets«. Die Personalvorstände bei BMW oder der Telekom beschäftigen sich dagegen ausschließlich mit HR. Und so sollte es auch sein!

Außerhalb des DAX wird der Personaler am Vorstandstisch dann schon eher eine Seltenheit. Auch die »großen Mittelständler« tun sich hier noch schwer. Ein echter Leuchtturm ist da für mich Professor Gunther Olesch, Mitglied der Geschäftsleitung von Phoenix Contact, einem großen Unternehmen für Elektrotechnik und Automatisierung. Gunther Olesch sitzt nicht nur im Vorstand einer Firma mit rund 13 000 Mitarbeitern und mehr als 1,5 Milliarden Euro Jahresumsatz, sondern er zeigt auch Präsenz als Redner und Autor. Der promovierte Wirtschaftspsychologe bricht HR-, Gesundheits- und Kulturthemen konsequent auf den »großen« Mittelstand herunter und hat den Mut, zu experimentieren. *Ein YouTube-Interview mit Gunther Olesch anlässlich der Auszeichnung von Phoenix Contact*  *als »bester Arbeitgeber des Jahres 2011« finden Sie unter http://youtu.be/ aC9hZ_bL4I0.*

Phoenix Contact erhält rund 800 Initiativbewerbungen jeden Monat – das ist ein messbares Ergebnis überragender Personalarbeit. Die Fluktuationsrate der Weltfirma mit Stammsitz im ostwestfälischen Örtchen Blomberg beträgt lächerliche 0,6 Prozent. Deutschlandweit sind es im Schnitt 7,4 Prozent. Keine Frage: Phoenix Contact zählt zu den besten Arbeitgebern hierzulande. 2011 konnte Phoenix Contact 88 Prozent des Personalbedarfs erfüllen. Der Durchschnitt bei deutschen Unternehmen liegt dagegen bei nur 67 Prozent, das heißt, ein Drittel aller Stellen bleibt unbesetzt, obwohl die Arbeit da wäre. »Employer Branding«, also der gute Ruf des Arbeitgebers, wirkt sich eben vor allem dann aus, wenn es darum geht, qualifizierte Mitarbeiter zu gewinnen.

Gunther Olesch hat unter anderem die folgenden Bereiche identifiziert, um die sich ein Personaler am Vorstandstisch kümmern sollte:

- Unternehmenskultur
- Personalentwicklung
- Führungskräfte-, Fachleiter- und Projektleiterentwicklung
- Betriebliches Gesundheitsmanagement
- Corporate Social Responsibility (CSR)
- Förderung älterer Mitarbeiter
- Work-Life-Balance
- Flexible Arbeitszeitmodelle
- Home-Office-Lösungen
- Internationales Teambuilding und Diversity
- Organisationsentwicklung
- Familienförderung, Betriebskindergarten, Hilfe bei privaten Problemen
- Employer Branding

Jeder ehrliche Personalchef wird jetzt vielleicht sagen: Na und – was ist da das Besondere? Davon mache ich auch vieles! Er wird aber meistens auch zugeben müssen: Um die schwierigeren Dinge auf dieser Liste kümmere ich mich noch nicht oder viel zu wenig. Und da setzen die Diskussionen an. Was besonders bitter ist: Nur wenige Personaler kämpfen um diese Themen. Sie begnügen sich mit dem, was sie haben. Das heißt, sie bleiben lieber Bürokraten. Doch so wie heute Personalmanagement betrieben wird, gibt es eben extrem viele Schwachstellen, etwa mangelnde oder ungenaue Kommunikation mit der Unternehmensleitung, unzureichende Selbstständigkeit und ungeklärte Kompetenzbereiche der Personaler. Ein Außenstehender könnte leicht den Eindruck bekommen: Die Personalabteilung schafft sich ab! Und in einigen Fällen ist das ja tatsächlich geschehen. Das Personalwesen wurde »outgesourct«. In Abbildung 10 sehen Sie fünf Möglichkeiten, wie ein Personaler sich heute positionieren kann.

Der Personaler ist …

1. … outgesourct
Obwohl sehr heikel, ist das Personalmanagement ein Kandidat für Outsourcing geworden. Nach dem Motto: „Gut nach draußen delegiert" ist besser als „schlecht gemacht im eigenen Haus".

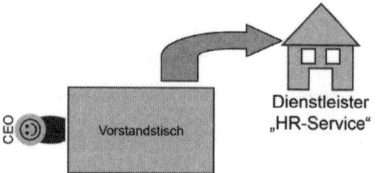

2. … nicht mehr nötig
Wenn Mitarbeiter zu Mit-Unternehmern werden, gibt es nicht mehr den Personaler, sondern dann ist jeder Personaler. Wichtige HR-Themen (Recruiting, Personalentwicklung etc.) werden an die jeweiligen Teams/Abteilungen übertragen.

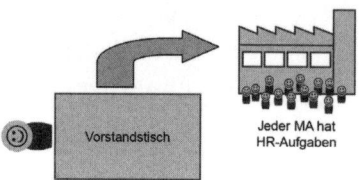

3. … der Business Partner
Dave Ulrich (University of Michigan, USA)
Der Personaler soll ein Partner der Führungskräfte sein und diesen beratend zur Seite stehen.

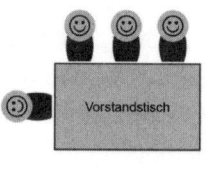

4. … der Steering Partner
Prof. Dr. Gunther Olesch (phoenix contact)
Der Personaler steht den Chefs nicht nur beratend zur Seite sondern steuert aktiv mit. Er sitzt am Vorstandstisch.

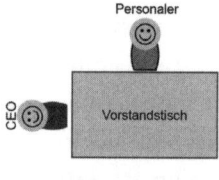

5. … stellvertretender Vorsitzender
Der Chief Human Resources Officer (CHRO) ist Vice President bzw. Vice Chairman. Er ist Stellvertreter der Chefs.

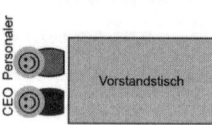

Abbildung 10: Fünf mögliche Rollen für den Personaler im Unternehmen

Möglichkeit 1: Der Personaler ist ... outgesourct

Firmen, die schlicht zu klein sind, um eine eigene Personalkompetenz aufzubauen oder zu halten, beauftragen stattdessen HR-Dienstleister. Solche HR-Services sind allerdings auch eine typische Option für Firmen, bei denen Gewinnmaximierung die oberste Priorität ist. Motto: Bei allem, was Geld kostet, fragen wir, ob es wegfallen oder outgesourct werden kann. »Aufwendige Personalarbeit gehört leider zum schönen Schnickschnack«, schreibt das *manager magazin* über die Befindlichkeit in einseitig gewinnorientierten Unternehmen. Auch harte Sanierer wollen eigentlich immer den Kostenblock Personal abschmelzen, wenn ein Unternehmen in der Krise steckt und schnell wieder bessere Zahlen vorweisen soll.

Outsourcing war vor einigen Jahren sogar ein regelrechter Modetrend im Personalmanagement. So manches Unternehmen folgte dem blind. Das Argument dahinter hieß Fokussierung auf Kernkompetenzen. Man sagte sich: Personalmanagement gehört nicht zu unseren Kernkompetenzen. Dafür gibt es Spezialisten. Die haben nicht nur mehr Sachverstand, sondern können auch wegen ihrer Größe diese Prozesse kostengünstiger abbilden. Inzwischen hat sich der Trend aber schon wieder umgekehrt. Stichworte wie »Insourcing« oder auch »Backsourcing« machen die Runde. Das heißt, die noch vor gar nicht langer Zeit ausgegliederten Aufgaben sollen wieder zurückgeholt werden.

Wo sich die Personalabteilung selbst schon als eine Art interner Dienstleister versteht und stark prozessorientiert funktioniert, da bleibt Outsourcing weiter eine Alterative. Je menschenorientierter das Personalwesen jedoch ist, desto schwieriger ist es, externen Dienstleistern das Personalmanagement zu überlassen. Wo eine Vertrauenskultur herrscht oder wachsen soll und wo Selbstverantwortung gelebt wird, ist starke Führung nötig. Führung – wie auch immer sie stattfindet – wird aber niemals eine Dienstleistung sein können. Außerdem hat ein Dienstleister auch an einem kompromisslosen Einstellungsprozess, der ausschließlich auf A-Mitarbeiter zielt, kein natürliches Interesse. Anders sieht es mit dem Outsourcing einzelner Funktionen aus. Weiterbildung, Rechtsberatung oder Lohnbuchhaltung können in der Regel zugekauft werden, ohne dass eine A-Kultur leidet.

Aber Achtung: Kleine Firmen ticken anders als große. Da macht ein externer Personalleiter, der zehn verschiedene Visitenkarten hat, weil er für zehn Firmen arbeitet, möglicherweise Sinn. So ein »Teilzeit«-Personalleiter ist am Vormittag in der einen und am Nachmittag in der anderen Firma, um jeweils die anstehende Personalarbeit zu erledigen. Dazu gehört es, Mitarbeiter auszuwählen, Arbeitsverträge zu schreiben, Trennungsgespräche zu führen oder das Management in Personalfragen zu beraten. Wer hier jemanden erwischt, der keine Heißluft bläst, sondern ein Umsetzer ist, also nicht nur gute Ratschläge hat, sondern diese auch selbst umsetzt, der hat das bessere Los gezogen. Es gibt in Deutschland rund 200 selbstständige »mobile« Personalleiter.

Möglichkeit 2: Der Personaler ist ... nicht mehr nötig

In Kapitel 6 habe ich Ihnen Unternehmensmodelle vorgestellt, die ich selbst vor einigen Jahren noch nicht für möglich gehalten hätte. In Firmen wie Morning Star, Crytek oder CPP Studios Event gibt es kein Mittelmanagement und deshalb auch keine Personalleiter. Heiko Fischer, über den ich ebenfalls in Kapitel 6 geschrieben habe, wurde sogar mit der Parole »Personaler raus!« berühmt. Sein Motto: »Resourceful Humans statt Human Resources.« Das will heißen: Menschen sind schlauer, als die meisten Geschäftsführer oder Personaler denken. Sie haben Häuser gebaut, sie haben Kinder erzogen – warum sollen sie nicht auch Mitarbeiter einstellen und all das erledigen, was eine Personalabteilung normalerweise tut? Sie brauchen dazu Beratung und Training, aber keinen Personalchef. Führung ist wichtig, das sieht auch Heiko Fischer, aber *die eine* Führungspersönlichkeit braucht eine Firma nicht.

Nach meiner Erfahrung finden solche »radikalen« Ansätze typischerweise in Unternehmen Gehör, die einen gewissen Leidensdruck spüren. Vielleicht sind sie schwerfällig geworden und haben erkannt, dass ihre Strukturen und Prozesse mit der Dynamik des Marktes nicht mehr mithalten können. Vielleicht sind es auch Firmen, die frühzeitig gegensteuern wollen, weil sie befürchten, in eine Abwärtsspirale zu geraten. Auch gerade erst etablierte Firmen, in denen sich die Mitarbeiter nach der Begeisterung, Spontaneität und Dynamik der Start-up-Tage zurücksehnen, finden Forderungen wie »Personaler raus!« bedenkenswert.

Als mittlerweile erfolgreicher Mittelständler hat man zwar eine Personalabteilung aufgebaut, ist aber von deren Effektivität enttäuscht. Warum nicht die Personalaufgaben zurückgeben an kreative Mitarbeiter, die ihr Potenzial maximieren wollen? Doch auch hier könnte auf die Euphorie bald Ernüchterung folgen. Wenn sich unter den zu Personalverantwortlichen hochgerüsteten Mitarbeitern erst einmal Grüppchen und Kungelrunden bilden, die unabhängig voneinander Seminare buchen, teilweise unterschiedliche Sub-Unternehmenskulturen prägen und unterschiedliche Employer-Branding-Strategien fahren, wird es unübersichtlich, chaotisch und wiederum wenig effektiv.

Möglichkeit 3: Der Personaler ist ... der Business-Partner

Dave Ulrich gilt als Personalguru Nummer eins weltweit. Er unterrichtet an der University of Michigan in Ann Arbor. Ulrich spricht immer wieder von der Notwendigkeit, die dem Personaler unterstellten Abteilungen professionell zu führen. Außerdem sollte der Personaler ein »Business-Partner« der obersten Manager sein. Er sollte Veränderungen vorantreiben und Mitarbeitern zu bestmöglicher Leistung und Zufriedenheit verhelfen. Natürlich gehört dazu auch, für ein höheres Ansehen der Personalmanager in der Öffentlichkeit zu streiten. Das alles reicht aber noch nicht aus, um an den Vorstandstisch zu kommen. Alles wichtige Anliegen, die jedoch nicht zwingend notwendig im Vorstand verhandelt werden müssen.

Nach dem Modell von Dave Ulrich fungiert der Personaler wie ein fest angestellter Berater. Er hat Zutritt zum Vorstand und zum obersten Chef, aber er führt nicht richtig. Der Vorstandschef kann ihn zu Rate ziehen, muss es aber nicht. In seiner hauptsächlich beratenden Funktion ist der Personaler auch nicht unbedingt für die Umsetzung seiner Ratschläge verantwortlich. Er wird zu wenig in die Pflicht genommen, das ist ein großer Nachteil. Wer sich heute in den Personalressorts vom Mittelstand bis zum DAX-Unternehmen umhört, der wird feststellen, dass über das Konzept des Personalers als »Business-Partner« viel geredet wird, es aber auch immer etwas schwammig bleibt. Jeder versteht letztlich etwas anderes darunter.

Das ursprüngliche Modell von Dave Ulrich ist außerdem reichlich komplex. Dem »Business Partner« stehen als zweite und dritte Säule der Personalarbeit ein »HR Competence Center of Expertise« und ein »HR Shared Service Center« zur Seite. Im »Competence Center« finden zum Beispiel betriebliches Gesundheitsmanagement oder Rechtswesen statt. Im »Shared Service Center« wiederum sind solche Standardprozesse wie Gehaltsabrechnung oder Führung der Personalakte angesiedelt. Der eigentliche »Business Partner« als »Gesicht« des gesamten HR-Bereiches kümmert sich neben der Beratung der Topmanager um die Implementierung von Kernprozessen oder um die politischen Positionen in Tarifverhandlungen. Zum »Competence Center« hat er laut Dave Ulrich eine »Involvement-Beziehung« und zum »Shared Service Center« eine Auftraggeber-Auftragnehmer-Beziehung. Insgesamt wirkt das Modell von Dave Ulrich wie in einem guten Ansatz stecken geblieben. Die Richtung stimmt, aber so richtig griffig ist das alles nicht. Außerdem wird durch die siloartige Kompetenzverteilung der Bürokratie erneut Tür und Tor geöffnet.

Möglichkeit 4: Der Personaler ist … der Steering-Partner

Die Unzufriedenheit mit dem von Dave Ulrich vertretenen Modell führte in den letzten Jahren zu einer deutlichen Weiterentwicklung. Der Personaler soll das Topmanagement nicht mehr nur beraten, sondern auf der Kommandobrücke aktiv mitsteuern. Aus dem »Business-Partner« wird der »Steering-Partner«. Der Personaler wird vom Getriebenen zur treibenden Kraft und endgültig vom Verwalter zum Gestalter. Zu den Kernaufgaben eines solchen Toppersonalers gehören jetzt Strategieentwicklung, Performance Management, Personalentwicklung, Bürokratieabbau oder Employer Branding. Derartige »Steering-Partner« sitzen bei den bereits erwähnten DAX-Unternehmen Volkswagen, Lufthansa, Daimler, BMW, Bayer, Siemens, Telekom, Henkel oder Continental bereits am Vorstandstisch. Bei der Bayer AG ist eines von insgesamt vier Vorstandsmitgliedern zuständig für »Strategie und Personal«. Den Titel »Arbeitsdirektor« hat er nur noch in einer Fußnote.

Es ist dieses Modell des Personalers als »Steering-Partner«, für das sich Professor Gunther Olesch auch im Mittelstand leidenschaftlich einsetzt. Der Personalvorstand bei Phoenix Contact sieht den Personaler als Strategen und voll verantwortliche Topführungskraft. Es genügt nicht, wenn er den obersten Chef berät. Der Personaler muss selbst handeln können. Der Personaler als Teil des Vorstands hat jetzt im Wesentlichen drei Schwerpunkte: Zunächst einmal ist er für exzellente HR-Arbeit in allen ihren Facetten zuständig. Was für Gunther Olesch alles dazugehört, haben Sie im vorherigen Abschnitt bereits gelesen. Zweitens muss er – wie alle Topmanager – Generalist sein. Er ist für das Unternehmen als Ganzes mitverantwortlich. Den Satz »Dafür bin ich nicht zuständig« kann er sich nicht leisten. Drittens muss er nach innen und außen begeisternd auftreten. Er soll Mitarbeiter, Bewerber und Öffentlichkeit immer wieder neu überzeugen.

Möglichkeit 5: Der Personaler ist … stellvertretender Vorsitzender

Das ist der letzte konsequente Schritt, für den ich mich mit diesem Buch stark mache. Der Personaler sitzt nicht nur am Vorstandstisch, wie heute bereits bei Daimler oder Siemens, sondern ist unangefochten die Nummer zwei im Unternehmen. Egal, ob im Konzern oder im – größeren – Mittelstand. Warum ist der Personaler die Nummer zwei? Ganz einfach: Weil er nach dem Vorsitzenden der Geschäftsleitung die wichtigste Person im Unternehmen ist. Der Personaler ist verantwortlich für die Qualität der Mitarbeiter, die in der Firma sind, und das ist schließlich die wichtigste Aufgabe neben der allgemeinen Unternehmensstrategie, die sehr stark vom Vorsitzenden geprägt ist.

Eines ist doch klar: Der Wettbewerb unter den Unternehmen wird in Zukunft nicht primär durch die besten Produkte entschieden werden, sondern zunächst einmal durch die besten Mitarbeiterinnen und Mitarbeiter. »Employer Branding«, also als Arbeitgeber einen guten Ruf zu haben, ist zwingende Voraussetzung dafür, exzellente Mitarbeiter zu gewinnen. Und hier wird der Chefpersonaler in Zukunft noch stärker gefordert sein. Gleichzeitig müssen auch A-Mitarbeiter weiterentwickelt werden, da sich die Bedingungen ständig verändern. Hoch qualifizierte Mitarbeiter müssen ans Unternehmen gebunden werden. Auch das geht nur mit Initiativen, die »top-down« eingeleitet werden.

Der Personaler der Zukunft muss außerdem Antworten auf den gesellschaftlichen Wertewandel finden. Was erwarten Mitarbeiter künftig von

Unternehmen? Wie definieren sie befriedigende Arbeit? Wie viel wollen sie überhaupt noch arbeiten und was spornt sie weiterhin zu Spitzenleistungen an? Die Antworten auf solche Fragen müssen »ganz oben« gefunden werden. Und vom Finanzvorstand werden sie kaum kommen. Doch egal, welches Konzept Sie letztlich favorisieren: Personalarbeit ist Strategiearbeit. Deshalb muss der Personaler – irgendwie und als was auch immer – an denselben Tisch wie der oberste Chef einer Firma.

Fazit

In den meisten Organisationen gibt es wahrscheinlich nur zwei Personen, die überall Zutritt haben: der Geschäftsführer und der Personaler. Um gestalten zu können, ist es doch logisch, den Personaler als Vizechef einzusetzen. Natürlich muss er sich auch mit Arbeits- und Sozialrecht beschäftigen oder mit den branchentypischen Sicherheitsvorschriften. Insofern reicht seine Verantwortung von ganz oben bis ganz unten. Doch Achtung: Das verführt dazu, sich am liebsten mit den Dingen ganz unten zu beschäftigen, weil die am einfachsten sind. Dieser Versuchung gilt es zu widerstehen. Diese Personaler, von denen wir hier reden, sind gestandene Persönlichkeiten, die ihren Führungsanspruch erkannt haben. Sie sind Augen und Ohren der Geschäftsleitung, also am Puls des Business. Und sie sind Schrittmacher.

Kapitel 9

Erst verlieren wir unsere Werte, dann unseren Wohlstand
Wie weiche Faktoren harte Fakten produzieren

Im Jahr 2012 wurde Reinhard K. Sprenger, Deutschlands vielleicht angesehenster Managementautor, von der Zeitschrift *Wirtschaftswoche* um seine »fünf besten Führungstipps« gebeten. Einer dieser Tipps traf mich wie ein Faustschlag. Sprenger rät Chefs: »Verabschieden Sie sich von Werten. Unternehmen sind keine Kirchen, müssen nicht Werte wie Monstranzen vor sich hertragen, für die Kunden nicht zahlen.« Was der Bestsellerautor anstelle von Werteorientierung empfiehlt, folgt als weiterer »Führungstipp« gleich hinterher: »Denken Sie wie Sherlock Holmes. Gehen Sie den Weg des kleinsten Übels. Akzeptieren Sie schmutzige Lösungen. Der Blick auf das Ideal erzeugt nur Leiden.« Die Botschaft an Manager ist klar: Werte stören nur. Für Werte zahlt Ihnen kein Kunde Geld. Seien Sie deshalb pragmatisch. Lieber schmutzig und reich als heilig und arm. Am Ende zählt, wie viel die Firma in der Kasse hat – und ob sie im Konkurrenzkampf überlebt. Nun, mancher wird da zustimmend nicken. Wird sagen: Schön ist das vielleicht nicht, aber realistisch. Doch stimmt es auch? Läuft es im Business ganz ohne Werte wirklich besser?

Das Problem dabei: Noch hat die große Mehrheit in unserer Gesellschaft die christlich-abendländischen Werte zutiefst verinnerlicht. Gewissenhaftigkeit, Ehrlichkeit, Verlässlichkeit oder Solidarität mit den Schwächeren werden im Alltag einfach selbstverständlich gelebt und müssen deshalb eben nicht als »Monstranz« vorangetragen werden. Unsere von Antike und Christentum geprägten Werte bilden das Fundament von Wirtschaft und Gesellschaft. Sie rücken selten ins Bewusstsein, bestimmen aber trotzdem unser Denken und Handeln. Die eine oder andere »schmutzige Lösung« ändert daran zunächst nichts. Das Fundament ist breit und stark. Es ist über viele Jahrhunderte gewachsen.

Noch ist das so, aber es wird nicht selbstverständlich immer so bleiben. Viele Menschen orientieren sich an Vorbildern. Sie sehen sich genau an, was »die da oben« sagen und machen: Manager, Politiker, Prominente, Vertreter der Kirchen. Wenn ein kleines Häufchen Führungskräfte dem Rat von Reinhard K. Sprenger folgt und sich »von Werten verabschiedet«, dann wird das unser Wertefundament nicht erschüttern. Aber was, wenn es irgendwann alle so machen? Was, wenn es keine verbindlichen Prinzipien mehr gibt, sondern jeder »den Weg des kleinsten Übels« geht – maximal pragmatisch, biegsam wie Papier und moralisch genauso dünn? Ich sage: Wir werden unseren Wohlstand verlieren. Wir werden noch viel mehr verlieren, aber eben auch unseren Wohlstand. Es stimmt einfach nicht, dass Werte der lästige Hemmschuh für wirtschaftlichen Erfolg sind, von dem man sich besser befreit. Das genaue Gegenteil ist der Fall: Werte machen wertvoll!

Business ohne Werte führt allenfalls zu kurzfristigem Erfolg. Und selbst von diesem Erfolg profitieren nur einige wenige, während in der Breite Werte vernichtet werden. Manager, die ohne Wertebasis agieren, haben in den letzten Jahren Schneisen der Wertvernichtung hinterlassen. Zum Beispiel Richard Fuld, letzter Chef von Lehman Brothers: Jahresverdienst

41 Millionen US-Dollar, Wertvernichtung 8,6 Milliarden US-Dollar. Oder James E. Caye, Ex-Chef der 2008 aufgelösten Bank Bear Stearns: Jahresverdienst 68 Millionen US-Dollar, Wertvernichtung 19,8 Milliarden US-Dollar. Oder Stanley O'Neal, ehemaliger Boss von Merrill Lynch: Abfindung 161 Millionen US-Dollar, Wertvernichtung 52 Milliarden US-Dollar. Chefs, die sich von Werten verabschieden, füllen sich ihre eigenen Taschen und reichen die Rechnung anschließend weiter – an Mitarbeiter, Sparer, Steuerzahler. Die Folgen sind bekannt: Unsere öffentlichen Haushalte haben kein Geld mehr, weil wir alle für die Wertvernichtung verantwortungsloser Manager zur Kasse gebeten werden.

Doch von welchen Werten sprechen wir überhaupt? Was sind christlich-abendländische Werte? Und haben sie überhaupt einen Bezug zur täglichen Praxis in Unternehmen? In diesem Kapitel beschreibe ich Werte, die mein eigenes unternehmerisches Handeln seit langem leiten und von denen ich glaube, dass sie zum unverzichtbaren Wertefundament unserer Wirtschaft gehören. Ich behaupte nicht, dass es nur diese Werte gibt oder es auf diese allein ankommt. Aber ich möchte Ihnen zeigen, dass Werte, an die Chefs sich gebunden fühlen, im Unternehmensalltag sehr wohl einen Unterschied machen. Es sind weiche Faktoren, die trotzdem harte Fakten produzieren.

Sieben Werte für wertvolles Wirtschaften

Von »Werten« spricht man im Zusammenhang mit Ethik erst seit dem 19. Jahrhundert. Im Altertum, im Mittelalter und während der Reformation war mehr von »Tugenden« die Rede. Beides ist aber im Grunde dasselbe. Es geht um verbindliche Prinzipien, die gleichzeitig innere Haltungen sind. Werte beziehungsweise Tugenden sind die oberste Richtschnur unseres alltäglichen Handelns. Sie werden immer dann wichtig, wenn es für ein Problem nicht nur eine technisch richtige Lösung gibt, sondern Güter abgewogen werden müssen. Unsere älteste Wertebasis sind die Zehn Gebote aus dem Alten Testament der Bibel. Jesus Christus hat diese Gebote ergänzt und erweitert, vor allem durch die sogenannten Seligpreisungen der Bergpredigt: Gerechtigkeit, Barmherzigkeit, Sanftheit, Reinheit des

Herzens und Friedfertigkeit sind Tugenden, die Christus nennt. Hinzu kommt das Almosengeben an Arme. Im antiken Griechenland hatten sich gleichzeitig vier sogenannte »Kardinaltugenden« entwickelt, die Platon und Aristoteles ausführlich beschreiben. Es sind Klugheit, Gerechtigkeit, Tapferkeit und Maßhaltung. Als sich durch den Apostel Paulus die Botschaft von Jesus im gesamten antiken Kulturraum ausbreitete, verschmolzen biblische und griechisch-antike Werte zu unserem bis heute gültigen christlich-abendländischen Wertefundament.

Während der Reformation kamen die »protestantischen Tugenden« hinzu. Dazu zählen beispielsweise Sorgfalt und Fleiß, Ehrlichkeit und Bescheidenheit. Bereits vor der Reformation hatten die mittelalterlichen Klöster die menschliche Arbeit moralisch aufgewertet. Sie war nun nicht mehr Sklavendienst, sondern wichtiger Bestandteil eines gottgefälligen Lebens. »Ora et labora«, so lautete der Leitspruch: Bete und arbeite. Der Reformator Martin Luther sagte dann sogar: »Äcker pflügen und Windeln waschen sind genauso Gottesdienst wie beten und predigen.« So entstand die protestantische Arbeitsethik, die mehr als alles andere das Fundament für unseren heutigen Wohlstand bildet. Als Antwort auf die »soziale Frage« des 19. Jahrhunderts entwickelte sich später die katholische Soziallehre, die dem Fleiß und der Gewissenhaftigkeit des Einzelnen das Prinzip der gesellschaftlichen Solidarität ergänzend an die Seite stellt.

Mit meinem Freund Hans-Joachim Hahn diskutiere ich seit vielen Jahren über das Thema Werte. Er ist Dozent für Wirtschaftsethik und Gründer des »Professorenforums«. In seinen Vorträgen spricht er von »sieben Erfolgswerten unserer Kultur«. Diese Werte sind nicht einfach austauschbar und lassen sich auch nicht kurzerhand »entsorgen«, um Platz zu machen für mehr Pragmatismus. Sie sind echte »Erfolgswerte«, weil unser wirtschaftlicher Erfolg auf ihnen basiert. Hans-Joachim Hahn sagt: »Die einzigartige Erfolgsgeschichte der sozialen Marktwirtschaft im westlichen Nachkriegsdeutschland ist untrennbar verbunden mit der Verwurzelung ihrer Gründerväter in den Werten ... der unternehmerischen Freiheit des Einzelnen sowie der sozialen Verantwortung gegenüber den Schwächeren.« Ich möchte diese sieben Erfolgswerte hier aufgreifen und dabei zeigen, wie viel Werte tatsächlich mit der täglichen Praxis zu tun haben.

Erfolgswert 1: Fleiß und Gewissenhaftigkeit

Es ist Mittwochabend – hoch über der amerikanischen Großstadt Minneapolis. Ein Airbus A320 der Fluggesellschaft Northwest Airlines mit 144 Passagieren und fünf Besatzungsmitgliedern an Bord ist vor wenigen Stunden im kalifornischen San Diego gestartet und soll auf dem örtlichen Flughafen landen. Doch die Maschine fliegt einfach weiter. Was ist da los? Ein Funkspruch der Fluglotsen jagt den anderen, doch weder der Kapitän noch der Erste Offizier reagieren. Spätestens nach einer Stunde befürchtet man das Schlimmste. Eine Entführung? In Wisconsin steigen Kampfjets auf. Nach 91 Minuten hämmert ein Flugbegleiter gegen die Tür zum Cockpit: »Hallo? Müssten wir nicht längst da sein?« Da reagieren die Piloten endlich, drehen die Maschine und fliegen zurück nach Minneapolis. Zum Glück reicht der Treibstoff. Später sagen die Piloten aus, sie hätten mit ihren privaten Laptops gespielt und darüber die Zeit vergessen. Der Autopilot flog die Maschine unterdessen weiter geradeaus.

Diese Geschichte ist auch deshalb erschreckend, weil jeder, der in ein Flugzeug steigt, selbstverständlich davon ausgeht, dass die Piloten ihren Job absolut gewissenhaft erledigen. Ein Absturz ist eine Katastrophe! Doch Gewissenhaftigkeit setzt voraus, dass sie als Wert bei den Piloten verankert ist. Über den Wolken kontrolliert niemand. Die Tür zur Kabine ist blickdicht und bleibt aus Sicherheitsgründen fest verschlossen. Wer es mit dem Wert der Gewissenhaftigkeit nicht so genau nimmt, denkt sich: Ich brauche mir doch nur dort Mühe zu geben, wo man es merkt. Was nicht auffällt, kann mir auch keiner zur Last legen. Wer Werte verinnerlicht hat, der stellt sich diese Frage gar nicht erst. Er gibt immer sein Bestes, egal, ob jemand zuschaut oder nicht. Übrigens: Für uns Christen schaut Gott immer zu. Gegenüber ihm müssen wir uns auch für das verantworten, was kein anderer Mensch mitbekommt.

Die beiden Piloten wurden selbstverständlich vom Dienst suspendiert. Wer als Flugkapitän ein solches Verhalten an den Tag legt, ist als Chef einer Crew ungeeignet. Mitarbeiter können von uns Führungskräften zu Recht nicht nur ein Minimum an Arbeitsethos erwarten, sondern den totalen Einsatz für die uns anvertrauten Menschen. Ohne die verinnerlichten Werte Fleiß, Selbstdisziplin und Gewissenhaftigkeit wird kein Unternehmen auf die Dauer eine A-Kultur schaffen. Wer sich bei der Arbeit immer bloß Mühe gibt, um Belohnungen zu bekommen und Strafen zu vermeiden, der besitzt keine Arbeitsethik. Er wird jederzeit nach Schlupflöchern suchen und den Weg des geringsten Widerstands gehen. Ein Mitarbeiter ohne Arbeitsethik müsste lückenlos kontrolliert werden, was unmöglich ist. Und ein Vorgesetzter ohne Arbeitsethik untergräbt die Motivation seiner Mitarbeiter. Diese werden sich fragen: Warum sollen wir eigentlich schuften, wenn unser Chef nichts macht?

Erfolgswert 2: Integrität und Wahrhaftigkeit

»Nicht nur für erfolgreiches Wirtschaften, sondern auch für jegliche andere soziale Form des Zusammenlebens sind Integrität und Verlässlichkeit Voraussetzung«, meint Hans-Joachim Hahn. Integrität bedeutet schlicht, dass Worte und Taten übereinstimmen. *Walk your talk* nennen das die Amerikaner. Ein Chef, der immerfort davon redet, was für harte Zeiten wir haben und dass wir alle den Gürtel enger schnallen müssen, dann aber um 15 Uhr mit seinem Porsche zum Golfplatz fährt und anschließend ins Schlemmerlokal geht, ist nicht integer. »Was ihr von anderen erwartet, das tut ebenso auch ihnen«, sagt Jesus Christus in der Bergpredigt. Ein zeitloser Wert!

Integrität bedeutet, seine Werte, Überzeugungen und Maßstäbe auch in seinem Verhalten auszudrücken. Das heißt, sich selbst treu zu bleiben und damit auch unbestechlich zu sein. Der Ex-Fußballprofi und Unternehmer Bobby Dekeyser zum Beispiel verkaufte den von ihm gegründeten Gartenmöbelhersteller Dedon für eine dreistellige Millionensumme an ein Private-Equity-Unternehmen. Anschließend bereute er den Verkauf zutiefst. Er fühlte sich schuldig. Er war verantwortlich für die rücksichtslose Geschäftspolitik, die der Finanzinvestor nun gegenüber seinen Mitarbeitern im In- und Ausland durchsetzte. Da kaufte er die Firma kurzerhand zurück und machte dafür viele Millionen Schulden zu schlechten Konditionen. Rein wirtschaftlich gesehen war das Wahnsinn. Er hätte sich mit seinem satten Millionengewinn zur Ruhe setzen können. Aber es ging dem Unternehmer um seine Integrität. Er wollte seinen Fehler wiedergutmachen. Und dann – wie durch ein Wunder – gelang das Comeback. Seine Firma wurde erfolgreicher als je zuvor. Auf der Basis von Werten, die der Finanzinvestor über Bord geworfen hatte.

Untrennbar mit Integrität verbunden ist der Wert der Wahrhaftigkeit. Wir können nicht immer die Wahrheit wissen, aber wir können immer die Wahrheit sagen. So wie sie sich uns eben darstellt. Ohne Wahrhaftigkeit würde die Wirtschaft sofort zusammenbrechen. Wenn sich niemand mehr auf das Wort des anderen verlassen kann, müssen so aufwendige Kontrollmechanismen installiert werden, dass diese am Ende sämtliche Liquidität auffressen würden. Helfen würde aber auch das nicht. Der Staatssicherheitsdienst der ehemaligen DDR hat gezeigt, dass es in einer Gesellschaft, in der Misstrauen herrscht und die Eliten keine Integrität besitzen, auch mit noch so viel Überwachung nicht besser wird. Im Gegenteil, die ständige Bespitzelung macht alles nur noch schlimmer. Unternehmen, die ihre Mitarbeiter überwacht und bespitzelt haben, stehen dafür zu Recht am Pranger. Ehrlichkeit lässt sich nicht durch Kameras ersetzen.

Erfolgswert 3: Vertrauen

Unter dem Namen »Emmely« machte die Berliner Kassiererin Barbara Emme bundesweit Schlagzeilen. Ihr wurde von ihrem Arbeitgeber fristlos gekündigt – nach 15 Jahren Festanstellung in derselben Kaiser's-Filiale sowie nach insgesamt 31 Jahren Betriebszugehörigkeit. Der Vorwurf: Sie soll zwei liegen gelassene Flaschenpfandbons im Gesamtwert von 1,30 Euro eigenmächtig eingelöst haben. Der Anwalt von Frau Emme vermutete, Hintergrund der Kündigung sei die Beteiligung seiner Mandantin an Streiks im Einzelhandel gewesen. Anschließend sei sie nur noch zu Spätschichten eingeteilt worden und der Filialleiter habe sie von einer Betriebsfeier ausgeschlossen. Das Bundesarbeitsgericht in Erfurt erklärte die Kündigung schließlich für unverhältnismäßig und damit rechtswidrig. Barbara Emme arbeitet heute wieder an der Kasse einer Kaiser's-Filiale und muss Kunden regelmäßig Autogramme geben.

»Dieser Fall hätte sich vermutlich in jedem Einzelhandelsunternehmen ereignen können«, schreibt dazu Andreas Straub in seinem Bestseller *Aldi – einfach billig. Ein ehemaliger Manager packt aus.* »In der Praxis hat der disziplinarische Vorgesetzte einer Verkäuferin, im Regelfall der Bereichsleiter, keine andere Wahl ... Bei Aldi besteht ebenfalls die klare

Regelung, dass jegliche Unterschlagung oder Manipulation, gleichgültig wie gering der Betrag sein mag, zu einer fristlosen Kündigung des Mitarbeiters führt – unabhängig von der Dauer der Betriebszugehörigkeit.« Der Ex-Manager bei Aldi schildert in seinem Buch »geschicktere« Möglichkeiten des Pfandbetrugs als die Unterschlagung von Bons. Nämlich zum Beispiel bewusste Falschbuchungen an der Kasse. Er berichtet von einer Bereichsleiterin, »unter deren Augen eine Auszubildende innerhalb von vier Monaten über 15 000 Euro durch einen solchen Pfandbetrug entwendet hat.«

Kündigungen, die ein Arbeitsgericht später aufheben könnte, spricht Aldi laut Andreas Straub besser nicht aus. Lieber werden Mitarbeiter in regelrechten Verhören stundenlang angeschrien, beleidigt, mit fingierten »Beweisen« konfrontiert und psychologisch »weichgekocht«, bis sie »freiwillig« und oft unter Tränen einen für sie ungünstigen Aufhebungsvertrag unterschreiben. Straub erzählt aus der Praxis: »Wenn der Chef lügt, sprechen wir lieber von einem ›Blöff‹ (sic!). Um das Ganze zu verharmlosen, sagen wir am besten: ein ›kleiner Blöff‹.« Ohne arbeitsrechtlich haltbare Gründe wird so zum Beispiel »mit einem kleinen Blöff einfach ein langjähriger Filialleiter entsorgt. So kann's gehen bei Aldi: einfach billig!«

Solche Zustände im Handel zeigen, wohin Werteverfall und der Verlust an Vertrauen *auf beiden Seiten* letztlich führen. Der leider mittlerweile verstorbene Firmenlenker und Bestsellerautor Stephen R. Covey sprach immer wieder vom notwendigen Vertrauen. Sein Credo: Wo Mitarbeiter und Geschäftsleitung einander vertrauen, da entsteht eine *High Trust Dividend*, eine sogenannte Vertrauensdividende. Vertrauen zahlt sich immer aus. Wo Mitarbeiter allerdings mit Kameras überwacht, wegen unterschlagener Kleinstbeträge gekündigt oder in Stasi-ähnlichen Verhören »weichgekocht« werden, da muss das Unternehmen eine *Low-Trust-Tax* bezahlen. Der Vertrauensverlust kostet Geld. Im deutschen Einzelhandel verschwinden jährlich Waren im Wert von schätzungsweise vier Milliarden Euro. Laut einer Studie des EHI Retail Institute handelt es sich bei rund einer Milliarde (also 25 Prozent) um Unterschlagung durch eigene Mitarbeiter. Der Ausweg aus dem Dilemma heißt nicht noch mehr Kontrolle, sondern mehr Vertrauen. Wertebasierte Unternehmen mit einer ausgeprägten Vertrauenskultur haben selten mit Kriminalität zu tun.

Erfolgswert 4: Respekt

Vor einiger Zeit war ich bei der Keynote eines Managers und Buchautors. Die Zuhörer waren selbst Wirtschaftsleute. Nach dem Vortrag verabschiedete die Moderatorin den Redner höflich und bat die Zuhörer um Verständnis, dass er an der anschließenden Diskussion nicht mehr teilnehmen könne. Er hätte eine dringende Verpflichtung und müsse deshalb sofort aufbrechen. Da fiel der Keynote Speaker der Moderatorin völlig ungerührt ins Wort und sagte:»Nein, stimmt nicht. Ich habe einfach keine Lust mehr.« Als die Zuhörer zusammenzuckten, legte er sogar noch mal nach:»Meine Mutti hat mir beigebracht, dass man zwischen Notlüge und richtiger Lüge unterscheiden muss. Auch die Notlüge sollte man nur im äußersten Fall bemühen. Das habe ich anders verstanden, denn ich lüge viel. Ich lüge jeden Tag.« Daraufhin verließ er lächelnd die Bühne.

So viel Respektlosigkeit von einem Manager, der sich als Vordenker und Vorbild für andere Führungskräfte begreift, hat mich erschüttert. Im Publikum saß auch der Gründer einer Drogeriemarktkette, der sich seit Jahren für einen auf Grundwerten basierenden Führungsstil engagiert, und ich konnte den Schmerz in seinem Gesichtsausdruck sehen. Respektlos auftretende Manager, die mit dem »Victory«-Zeichen Gerichtssäle betreten, wie einst Josef Ackermann, oder die Mitarbeitern cholerisch bis zynisch gegenübertreten, wie Fußballtrainer Felix Magath seinen Spielern, zerstören das Image ihres Unternehmens in der Öffentlichkeit. Sie können auf Dauer auch keine Spitzenteams haben.

Zwei amerikanische Management-Professorinnen haben jahrelang erforscht, wie sich schamlose, rüpelhafte, arrogante, respektlose Führungskräfte auf ein Unternehmen auswirken. Das Ergebnis fasst das *Handelsblatt* in zwei Worten zusammen: »Verheerend und teuer.« Die Studie mit 9000 Teilnehmern konnte nachweisen: Respekt im Job gegenüber Kollegen und Mitarbeitern ist kein Luxus, sondern unabdingbar. 94 Prozent der Gekränkten rächen sich nämlich beim Übeltäter und 88 Prozent schädigen zusätzlich die Firma. Weitere 48 Prozent reduzieren absichtlich ihre bisherige Arbeitsleistung. 80 Prozent der respektlos Behandelten verlieren wertvolle Arbeitszeit, weil sie sich innerlich mit der erlittenen Demütigung noch lange beschäftigen. 63 Prozent machen Umwege, um dem Rüpel künftig aus dem Weg zu gehen. 78 Prozent der Mitarbeiter mit einem respektlosen Chef identifizieren sich nicht besonders stark mit ihrer Firma. Und sogar die Führungskräfte selbst verlieren 13 Prozent ihrer Arbeitszeit, um die Folgen ihres unhöflichen Verhaltens aus der Welt zu schaffen. Soweit die wichtigsten Resultate der Studie. Das zeigt: Respekt ist ein wertvoller Wert!

Mein Kollege Professor Wilfried Mödinger hat als Motto für erfolgreiches Wirtschaften den Slogan »Wertschöpfung durch Wertschätzung« ausgegeben. Unser Werteverständnis hat starke Auswirkungen auf den Umgang mit den Mitmenschen. Teams können nur langfristig erfolgreich geführt werden, wenn die einzelnen Mitglieder in ihrer Besonderheit respektiert und integriert werden. Der Umgang mit den Mitarbeitern wird zukünftig darüber entscheiden, ob die Besten im Unternehmen bleiben oder sich eine respektvollere Umgangskultur in einem anderen Unternehmen suchen. Langfristig bringen Menschen die besten Leistungen eben nicht unter Druck und Angst. Höchstleistung geben Menschen, wenn sie sich in einem inspirierenden Klima geschätzt und gefordert fühlen.

Erfolgswert 5: Verantwortung

Ein Leser unserer Lokalzeitung schrieb in einem Leserbrief zum Thema Handwerksbetriebe: »Ganz gleich, ob ich anrufe oder ob ich angerufen werde: Wenn ich eine weibliche Stimme höre, klingeln bei mir schon die Alarmglocken.« Sekretärinnen verstehen sich wunderbar aufs Vertrösten. Handwerkerfrauen sind wahre Weltmeisterinnen darin. Mein Kollege Jürgen Frey beschreibt in seinem Buch *Mein Freund, der Kunde. Ohne Tricks und Fallen Kunden gewinnen und behalten* einen Fall, in dem der Chef eines Küchenstudios sich in dem Moment zu einer mehrwöchigen Kur verabschiedet, als der Aufbau einer Küche beim Kunden zum Desaster gerät. Er übergibt das Ruder kurzerhand an seine ahnungslose Frau. Eine »Servicekatastrophe« nennt das Jürgen Frey zu Recht.

Wenn es unangenehm wird, müssen offenbar immer die Handwerkerfrauen ran. Es heißt dann: »Mein Mann kann gerade ... heute Nachmittag ... morgen ... nächste Woche nicht.« Dabei ist es ja mittlerweile so, dass wir schon fast dankbar sind, wenn wir von einem geplatzten Termin informiert werden. Schließlich ist so eine Absage keine Nebensache, denn wenn der Installateur nicht kommen kann, brauchen Fliesenleger und Elektriker erst gar nicht zu erscheinen. Ganz am Ende stellt sich dann die Frage: Wer übernimmt die Verantwortung für die gestiegenen Kosten? Oft schiebt der eine die Schuld auf den anderen.

Bei Hiobsbotschaften kneifen deutsche Chefs gerne. Der Vorstandsvorsitzende schickt da den Pressesprecher vor und der Handwerksmeister eben seine Ehefrau. Auf der Strecke bleibt die Verantwortung. Hans-Joachim Hahn sagt: »Erwachsen ist, wer die Verantwortung für sein Leben übernommen hat. Kinder suchen oft einen Schuldigen, der die Verantwortung trägt. Manche Menschen halten diese Einstellung bis ins Rentenalter durch.« Ein »unverzichtbarer Erfolgsfaktor unserer westlichen Wirtschaft« sei dagegen die Verantwortung, die Unternehmer und Führungskräfte für Mitarbeiter und Kunden übernehmen. Mein Rat an Führungskräfte, die unangenehme Entscheidungen erklären müssen, ist immer derselbe: Seien Sie offen und ehrlich, reden Sie nicht um unangenehme Tatsachen herum und benützen Sie keine Ausflüchte. Stellen Sie die Lage vielmehr einfach, klar und unmissverständlich dar. Versuchen Sie, den Interpretationsspielraum so gering wie möglich zu halten.

Erfolgswert 6: Nachhaltigkeit

Der Begriff »Nachhaltigkeit« wurde vor rund 300 Jahren in der Forstwirtschaft geprägt. Der sächsische Oberberghauptmann Hans von Carlowitz bezeichnete damit in seinem Werk zur Holzwirtschaft den Grundsatz, man solle nur so viel Holz schlagen, wie durch Wiederaufforstung nachwachsen kann. Der Wert der Nachhaltigkeit ist aber eigentlich so alt wie die Menschheit. Er kommt schon im Alten Testament vor. Gott will, dass das Volk Israel nicht auf Kosten künftiger Generationen wirtschaftet. »Ein kluger Mann baut ein Haus für seine Kindeskinder«, heißt es im biblischen Buch der Sprichwörter. Heute wird Führungskräften wieder bewusst, dass die Ressourcen unseres Planeten endlich sind und wir von der Schöpfung nicht mehr nehmen dürfen, als sie verkraften kann. Nachhaltigkeit bedeutet aber nicht nur Umweltschutz. Sondern es bedeutet auch, gemeinsam am langfristigen Erfolg zu arbeiten und diesen wegen kurzfristiger Vorteile Einzelner nicht zu gefährden.

Ziele setzen immer das Beste im Menschen frei – es gibt nichts Wertvolleres im menschlichen Zusammenleben, als gemeinsam etwas zu erreichen. Ziele setzen aber auch das Hässlichste im Menschen frei. Hauptsache, *ich* erreiche meine Ziele, sagen sich einige. Und dafür werden schon auch mal die Ellbogen eingesetzt. Hier ist faires Eingreifen von Führungskräften gefordert. Für Nachhaltigkeit sorgen heißt, zu lernen, mit talentierten und engagierten Mitarbeitern immer neu zu verbindlichen Absprachen zu kommen. Oft genug ist die Führungskraft der Mörtel, der alles zusammenhält.

Bei Hermann Simon, der durch die »Hidden Champions«, also die verborgenen Marktführer, berühmt wurde, kann man Folgendes lernen: Hidden Champions zeichnen sich auch dadurch aus, dass sie eine extrem geringe Mitarbeiterfluktuation haben. Wenn dazu noch leidenschaftliche Inhaber mit klaren Unternehmenszielen kommen, entstehen Champions mit oft enormer Lebensdauer. Die durchschnittliche Amtsdauer aller Chefs der Hidden Champions beträgt exakt 20 Jahre. Manche bringen es sogar auf Amtszeiten, die mehr als doppelt so lang sind. So standen die Chefs des 1884 gegründeten Spezialschrauben-Herstellers August Friedberg im Schnitt 41 Jahre an der Spitze. Reinhold Würth war 19 Jahre alt, als sein Vater starb und er die Firma in der Nachkriegszeit mit damals einem einzigen Mitarbeiter führen musste. Heute ist Würth internationaler Marktführer mit rund 66 000 Mitarbeitern.

Erfolgswert 7: Mut

Am 13. Januar 2012 kollidierte das größte italienische Kreuzfahrtschiff, die »Costa Concordia«, vor der Mittelmeerinsel Giglio mit einem Felsen, schlug leck und drehte sich um 65 Grad. Die Rettung der Passagiere verlief chaotisch und schleppend, 32 Menschen starben. Kapitän Francesco Schettino wird vorgeworfen, das Schiff schon Stunden vor Abschluss der Evakuierung verlassen zu haben – entgegen der alten Seefahrer-Ethik (und gesetzlichen Vorschrift), dass der Kapitän immer als Letzter von Bord geht. Dabei hatte er das Unglück durch ein waghalsiges Manöver selbst verursacht. Wenigstens hätte er anschließend den Mut haben können, seine Fehler zuzugeben. Doch Schettino gibt der Crew und vielen anderen die Schuld – nicht jedoch sich selbst. Wenn Führungskräfte sich so verhalten, ist das verheerend. Winston Churchill bezeichnete Mut als Voraussetzung aller anderen Tugenden. Mut ist die Grundlage aller Innovation, aller Wagnisse und aller Schritte ins Ungewisse.

Was gerne übersehen wird: Mut ist auch die Voraussetzung einer »konstruktiven Fehlerkultur«, wie sie verstärkt in unserer Wirtschaft als Erfolgsfaktor für Unternehmen diskutiert wird. So sagt es Hans-Joachim Hahn. »Fehlerkultur« bedeutet nicht, dass Nachlässigkeit bei der Arbeit okay wäre. Aber es dürfen Fehler gemacht werden, wenn alle den Mut haben, zu ihren Fehlern zu stehen, und bereit sind, aus ihnen zu lernen. Der Dreischritt »Fehler – Nachsicht – Neubeginn« sollte in einer Firma, die auf Werten basiert, selbstverständlich sein. Es erfordert gewiss Mut, sich den eigenen Schattenseiten zu stellen. Doch darin steckt ein ungeheures Potenzial für Innovation, Freiheit und Kreativität! Nicht zufällig sucht Google ausdrücklich Mitarbeiter, die bereit sind, Risiken einzugehen, Neues zu wagen – und dabei auch Fehler zu machen.

Warum wir nicht weniger, sondern mehr Werteorientierung brauchen

Für mich besteht kein Zweifel: Die innere Einstellung, in der praktischen Arbeit sein Bestes zu geben, ist die Basis unserer ungeheuren Ingenieursleistungen, unserer Qualitätsversessenheit und unseres Erfindergeistes. Nicht der Abschied von Werten bahnt uns deshalb den Weg in die Zukunft, sondern ihre Wiederentdeckung. Andernfalls werden wir für den Verfall unserer Werte einen hohen Preis bezahlen. Doch wie sieht es heute aus? Leider nicht besonders gut. Nach den von der Zeitschrift CIO veröffentlichten Ergebnissen der Studie »Leadership im Topmanagement deutscher Unternehmen«, für die das Beratungsunternehmen Rochus Mummert 220 Mitarbeiter und Führungskräfte großer und mittelständischer Firmen befragt hat, weiß gerade einmal die Hälfte der Mitarbeiter zu sagen, für welche Werte ihr Arbeitgeber steht. Und von denen, die mit den Werten ihrer Firma vertraut sind, glauben nur 17 Prozent, dass diese von den Führungskräften auch gelebt werden. Stichwort: Integrität.

Die Chinesen und unser »Wertekärtchen«

Chinesen stehen mindestens so früh auf wie wir, sind mindestens so gebildet und mindestens so fingerfertig. Leser, die regelmäßig in China unterwegs sind, wissen, wovon ich rede: Trotzdem haben wir immer noch einen kleinen Qualitätsvorsprung. Jedes Mal, wenn ich bei Managementschulungen in China über Werte rede, wird es mucksmäuschenstill. Vor einiger Zeit nahm eine Übersetzerin unser »Wertekärtchen« in die Hand und beim Übersetzen der Werte versagte ihre Stimme und es schossen ihr Tränen in die Augen. In der Pause habe ich sie darauf angesprochen und sie sagte: »Für uns Chinesen ist das so fremd, aber auch so wichtig. Dass wir lernen, dem anderen den Vortritt zu lassen, uns zu entschuldigen und all die anderen Werte.«

Das »Wertekärtchen«, das unsere Mitarbeiter bei sich tragen, sieht so aus:

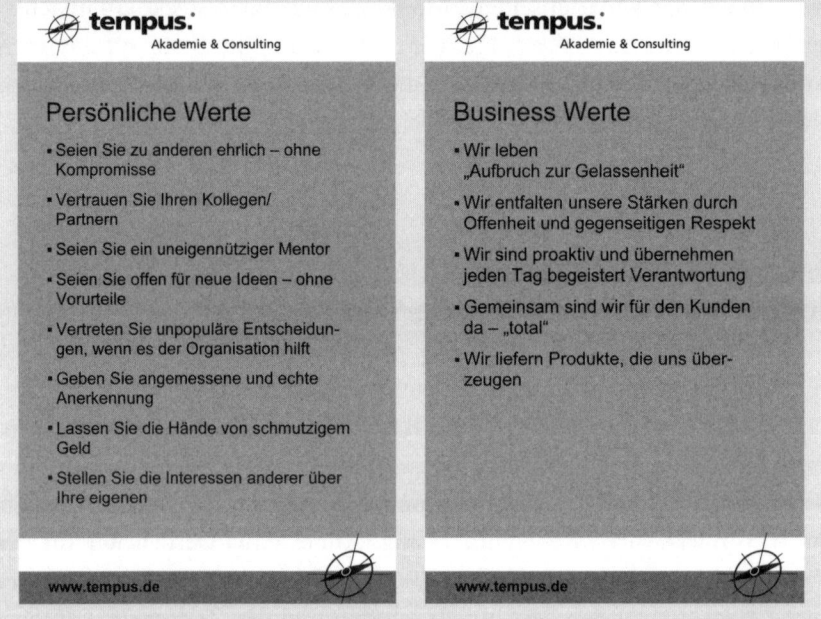

Wenn es tatsächlich nur 17 Prozent der Chefs sind, die ihre selbst definierten Grundsätze auch vorleben, dann haben wir ein Werteproblem. Die Unternehmensberatung Mummert merkt zu der von ihr durchgeführten Studie kritisch an: »Deutschlands Manager haben offenbar nicht verstanden, dass Werte nicht nur hübsche Floskeln sein sollten, die irgendwo auf der Homepage nachzulesen sind.« Hans Schliphat von Rochus Mummert bezeichnet Werte als Basis für das gemeinsame Handeln im Unternehmen: »Führungskräfte müssen ihre Mitarbeiter dafür begeistern und mit gutem Beispiel vorangehen«, fordert er. Und er zeigt auch gleich, wieso sich das lohnt. Es gibt nämlich einen belegbaren Zusammenhang zwischen Wertekultur und langfristigem wirtschaftlichem Erfolg. In Unternehmen mit weit überdurchschnittlichem Wachstum wissen immerhin schon 71 Prozent der Mitarbeiter, für welche Werte ihr Arbeitgeber steht. Dagegen sind es in Unternehmen mit unterdurchschnittlichem Wachstum klägliche 17 Prozent.

Wenn ich mit Mitarbeitern aus mittelständischen Unternehmen rede, dann wird mir immer wieder deutlich, dass von den Werten nur sehr wenig unten ankommt. Die Führungsspitze treibt teilweise einen immensen Aufwand, um Werte zu definieren, an die Mitarbeiter zu kommunizieren und deren Einhaltung anzumahnen, doch gelebt wird nicht danach. Mitarbeiter quittieren dann sogar wegweisende Werte eher mit Schulterzucken als mit »Ärmel hochkrempeln«. Das alles ist kein Wunder. Denn Werte, die nur in Schönwetterperioden postuliert werden, sind nicht glaubhaft. Mitarbeiter müssen erleben, dass ihre Chefs auch in Konfliktsituationen und gerade in Krisenzeiten auf der Basis der für alle verbindlichen Werte handeln. Erst das bedeutet Integrität.

Es ist nicht so wichtig, dass jeder Mitarbeiter jeden Unternehmenswert abstrakt definieren kann. Wichtig ist, dass Mitarbeiter glaubwürdige Chefs erleben, die »tun, was sie sagen« und sich an ihren eigenen Werten auch orientieren. Unternehmer und Führungskräfte sollten deshalb bereit sein, ihre innere Einstellung zu reflektieren und zu lernen. Das zunehmende Interesse an Werten resultiert ja nicht daraus, dass alle Menschen jetzt zu Engeln würden, sondern es basiert auf der Einsicht, dass Werte handfeste Vorteile bringen. Um diese Vorteile zu ernten, genügt es aber nicht, Werte aufzuschreiben und gerahmt an die Wand zu hängen. Werte niederzuschreiben ist ein wichtiger Schritt, aber nur ein erster. Werte wollen gelebt sein. Und es sind die Chefs, die damit anfangen müssen.

Kapitel 10

Gestern Abstellgleis, heute Überholspur
Fähige Führungskräfte gehören
nicht in den Ruhestand

Unser Semestertreffen war eine fröhliche Runde: 40 Ingenieure über 60 aus ganz Deutschland waren angereist, die meisten gut drauf, alle gesund und fit, viele braun gebrannt. Vor rund vier Jahrzehnten hatten wir gemeinsam die »Ingenieurschule« besucht, wie eine Hochschule für Ingenieurwissenschaft damals hieß. Unsere Studienjahre waren eine Zeit, in der die deutsche Wirtschaft brummte und »Arbeitslosigkeit« ebenso ein Fremdwort war wie »Vorruhestand«. Die meisten von uns waren nach dem Studium zu verschiedenen Konzernen gegangen und hatten dort später als Führungskräfte Karriere gemacht. Ein paar sind heute die reinsten

Kulturspezialisten. Sie waren es, die einen besonderen historischen Ort als anregenden Rahmen für unser Treffen ausgesucht hatten. Es gab viel zu erzählen, keine Frage.

Einer meiner ehemaligen Kommilitonen liebt zum Beispiel Oldtimer. Begeistert erzählte er uns, wie er gerade ein besonders wertvolles Stück ergattert hat und es jetzt aufwendig restauriert. Ein weiterer Studienkollege, ebenfalls Anfang 60 und fit wie ein Turnschuh, liebt Motorräder mehr als Autos. Mit einer schweren Maschine ist er kürzlich die legendäre Route 66 von Chicago nach Los Angeles abgefahren. Man kann die gut 4000 Kilometer in ein paar Tagen schaffen, doch er hatte sich mehrere Monate Zeit gelassen, um alle Sehenswürdigkeiten zu erleben. Wieder ein anderer ist lieber auf dem Meer als auf der Straße. Er macht eine Kreuzfahrt nach der anderen und bucht immer eine Kabine mit Balkon. So ein Balkon, schwärmte er, mache eine Kreuzfahrt erst richtig zum Erlebnis!

Nach einer ganzen Weile fiel mir auf, dass hier niemand über berufliche Themen sprach. Da fragte ich in die Runde, ob denn irgendjemand noch »ganz normal« arbeite? Plötzlich wurde es still und ich schaute in überraschte Gesichter. Bei einigen konnte man fast sehen, wie im Kopf die Fragen entstanden: Arbeiten? Mit über 60? Soll das ein Scherz sein? Worauf will der Jörg hinaus? Es stellte sich dann heraus, dass nur noch einer der 40 Ingenieure arbeitete. Das war ich. Es gab noch einen anderen aus unserem Abschlussjahrgang, aber der hatte nicht kommen können, weil er in Thailand war. Auf ihn werde ich noch zurückkommen.

Plötzlich kam ich mir vor wie von einem anderen Stern. Ich bin 1949 geboren und arbeite heute unter anderem als Unternehmer, Führungskraft, Unternehmensberater, Redner und Buchautor. Gar nicht so selten habe ich einen 16-Stunden-Tag. Dann gehen die einen nach Hause und andere kommen in die Firma, damit ich mit ihnen weiterarbeiten kann. In der fröhlichen Runde unseres Semestertreffens konnte dagegen niemand so recht verstehen, wie man sich in meinem Alter mit etwas anderem beschäftigen kann als Hobbys, Kultur oder Reisen.

Verwundert fuhr ich nach dem Treffen nach Hause. In Deutschland herrscht ein eklatanter Mangel an Ingenieuren. Man schätzt, dass die Unternehmen zurzeit 70 000 bis 80 000 Ingenieure händeringend suchen. Längst werden immense Abwerbesummen gezahlt. Das gibt es nicht nur im Fußball, sondern auch in der Industrie. Aus sicherer Quelle weiß ich, dass ein süddeutscher Automobilhersteller bis zu 10 000 Euro für ein Interview mit einem Ingenieur zahlt. Ja, Sie haben richtig gelesen: Wenn sich jemand die Zeit für ein unverbindliches Vorstellungsgespräch nimmt, ist das dem Autobauer diese Summe wert. Gleichzeitig gibt es in Deutschland Zigtausende Ingenieure über 55, viele davon ehemalige Chefs mit langjähriger Führungserfahrung, die in Rente gegangen sind und sich bei bester Gesundheit mit Kreuzfahrten, Motorradtouren oder Museumsbesuchen die Zeit vertreiben.

Nichts gegen Reisen und Kultur – ich reise selbst leidenschaftlich gerne und entdecke überall auf der Welt Neues. Aber kann das für mich über Jahre oder Jahrzehnte ein befriedigender Lebensinhalt sein? Während ich gleichzeitig weiß, dass mein fachliches Know-how und meine Erfahrung als Führungskraft in Unternehmen landauf, landab schmerzlich vermisst werden? Der Erfolgsautor Karl Pilsl erinnert hier an eine schlichte Tatsache: »Die Jahre zwischen 50 und 80 sind 30 Jahre. Das sind genauso lange 30 Jahre wie die zwischen 20 und 50.« Doch sein Fazit aus Begegnungen mit über 100 000 Menschen bei Vorträgen, Seminaren und Kongressen ist ernüchternd: »Menschen über 50 – oder gar über 60 – tun sich schwer damit, noch eine Langzeitperspektive für ihr Leben zu haben.« Wie wäre es mit dieser Perspektive: Ihr werdet gebraucht!

Wie die älteren Führungskräfte zurückkommen

Dr. Alfred Odendahl hat einen ungewöhnlichen Job. Der Mittsechziger und ehemalige Chef des Geschäftsbereichs Elektrowerkzeuge der Robert Bosch GmbH ist offiziell Rentner. Tatsächlich ist es seine Aufgabe, ehemalige Führungskräfte von Bosch aus dem Ruhestand zurückzuholen. Jahr für Jahr vermittelt Alfred Odendahl über 300 Ex-Boschler im Alter zwischen 63 und 74 Jahren in Business-Projekte von Bosch auf der ganzen Welt. Was lockt die ehemaligen Manager und Ingenieure vom Sofa? Wofür verzichten sie auf die nächste Weltreise? Geld ist es ganz bestimmt nicht. Denn ehemalige Bosch-Manager haben finanziell ausgesorgt. Das Motiv sei vielmehr »die Bereicherung, weiterhin gebraucht und wertgeschätzt zu werden«, erklärt Alfred Odendahl. »Es geht um Geben und Nehmen, also ums Teilen.« Die Rentner stellen sich zur Verfügung, weil sie damit Bosch und seinen weltweit rund 280 000 Mitarbeitern helfen wollen. Anscheinend ist es eben doch attraktiver, einen sinnvollen Beitrag zu leisten, als auf dem Balkon eines Kreuzfahrtschiffs die Jahre vorbeiziehen zu sehen.

Die wegweisende Rentnervermittlung von Alfred Odendahl funktioniert so: Jede ehemalige Fach- oder Führungskraft bei Bosch kann sich mit ihrem Profil in eine Datenbank aufnehmen lassen. Im Moment kommen jährlich ungefähr 100 neue Rentner hinzu. Etwa genauso viele scheiden jeweils aus, weil sie entweder drei Jahre lang nicht mehr angefragt wurden oder aus gesundheitlichen Gründen aufhören möchten. Abteilungsleiter der weltweit rund 280 Standorte von Bosch können nun ihren Bedarf anmelden. Gerade bei Werken in den »Emerging Markets«, wie Brasilien oder Indien, geht es in der Produktion oft um mehr Qualität und Effizienz. Hier sind Manager und Ingenieure mit langjähriger Erfahrung gefragt. Alfred Odendahl vermittelt rund die Hälfte seiner Rentner ins Ausland. Länderpräferenzen werden berücksichtigt, die Projektarbeit erlaubt genügend Freizeit. Und die Lebenspartner dürfen natürlich mitkommen.

Selbst in fernen Ländern melden sich die Bosch-Rentner in der Regel innerhalb einer Woche nach der Anfrage einsatzbereit. Einmal vor Ort, sind sie vom ersten Tag an produktiv. Schließlich sind es »alte Hasen«, die sämtliche Abläufe kennen und mit allen Wassern gewaschen sind. Und sie sind beliebt. Sie verkörpern auf einzigartige Weise den Spirit von Bosch und stecken jüngere Kollegen damit an. Aber auch eine gewisse Distanz macht sich laut Alfred Odendahl bezahlt. Die »Senior Experts« müssen sich nicht mehr profilieren, da sie ihre Karriere längst hinter sich haben. Bei Problemen geht es ihnen deshalb nicht um die Schuldfrage, sondern allein um die beste Lösung. Sie haben die nötige Autorität, um andere zu überzeugen. Nicht zuletzt sind sie für ihre Kollegen im In- und Ausland ein Vorbild für Freude an der Arbeit. Die Boschler jenseits der 63 haben nämlich eine Menge Spaß! Alfred Odendahl erzählt: »Unsere Rentner haben Lust, fremde Menschen kennenzulernen. Und sie haben Lust, sich von einem Problem fordern zu lassen.«

Bosch ist kein Einzelfall. Weitgehend unbemerkt von der Öffentlichkeit hat sich in den letzten Jahren ein Trend umgekehrt. In der westdeutschen Nachkriegsgesellschaft ging man jahrzehntelang immer früher in Rente. Doch das ist längst anders. Während Politiker sich noch über die »Rente mit 67« die Köpfe heiß reden, waren im Jahr 2012 noch 27,5 Prozent der 60- bis

64-Jährigen in Arbeit und Brot, sprich: sozialversicherungspflichtig beschäftigt. Im Jahr 2000 waren es nur 19,9 Prozent. Die Tendenz ist steigend.

Gleichzeitig verliert die Altersgrenze von 65 Jahren für das Rentenalter an Bedeutung. Sie wurde einst von Reichskanzler Otto von Bismarck ohnehin ziemlich willkürlich festgesetzt. Die durchschnittliche Lebenserwartung betrug damals 48 Jahre! Und wissen Sie, wann Kanzler Bismarck selbst in den Ruhestand ging? Richtig, es war 1890, unmittelbar vor seinem 75. Geburtstag. Bekanntermaßen ging er selbst da keineswegs freiwillig, sondern Kaiser Wilhelm II. schickte den Lotsen von Bord, wie auf einer berühmten Karikatur dargestellt.

Heute arbeiten immer mehr Menschen länger. Nicht weil sie es müssen, sondern weil sie es wollen. Und weil sie gebraucht werden. Die Vorreiter dieser Entwicklung sind – die Chefs! Und das nicht nur bei Bosch. Ich schlage den Wirtschaftsteil einer Tageszeitung auf und lese da zum Beispiel die Überschrift: »Der alte Chef ist wieder da«. 2010 wurde der Gründungsdirektor einer großen Seniorenresidenz-GmbH von derselben Regionalzeitung in den Ruhestand verschiedet, die 2013 – etwas erstaunt – seine Rückkehr meldet. Der neue alte Chef sagt den Reportern: »Ich kehre zu meinem Baby zurück.« Sein überraschendes Comeback kommentiert der 70-Jährige mit den Worten: »Das ist für mich ein Heimspiel.« Und bei einer bekannten Klinik hieß es in einer Pressemitteilung lapidar: »Zurück aus dem Ruhestand. Gut drei Jahre nach seinem Ausscheiden kehrt der jetzt 69-jährige renommierte Mediziner in ›seine‹ Klinik zurück. Auf Bitten des Geschäftsführers übernimmt er die chefärztliche Leitung.«

Schon 2001 holte der angeschlagene Autokonzern General Motors seinen ehemaligen Manager Bob Lutz zurück. Der damals 69-Jährige löste einen 55-Jährigen als Chef der Entwicklungsabteilung ab. Heute ist der gebürtige Schweizer Robert »Bob« Lutz eine Managerlegende. Als einziger Manager bekleidete er bei allen »großen Drei« der US-Autoindustrie – General Motors, Ford und Chrysler – hochrangige Führungspositionen. Zwischenzeitlich war er auch noch bei BMW. Mit 76 Jahren trat Bob Lutz 2009 als Entwicklungschef von General Motors zurück. Seitdem steht er dem Konzern beratend zur Seite und hat mehr Zeit für sein ungewöhnliches Hobby: Kampfjets fliegen! In einem deutschen Konzern wäre Bob Lutz schon zehn Jahre früher zwangsweise in Rente geschickt worden. Und apropos Jets fliegen: Früher war für Piloten der Lufthansa mit 60 Schluss.

Der europäische Gerichtshof kippte diese Regelung 2011, nachdem drei Piloten dagegen geklagt hatten. Sie hatten keine Lust auf Rente mit 60!

Bis jetzt gibt es in Deutschland nur wenige Glückliche, die sich von niemandem vorschreiben lassen müssen, wann sie in den Ruhestand gehen. Selbstständige und Politiker zählen dazu. Roland Berger zum Beispiel, der sich 1967 in München als einer der Ersten in Deutschland als Unternehmensberater selbstständig machte, denkt überhaupt nicht ans Aufhören. Der 1937 geborene Ehrenvorsitzende des Aufsichtsrates von Roland Berger Strategy Consultants sagte dem *Handelsblatt*: »Ich arbeite, solange ich dazulerne und das Gefühl habe, etwas Nützliches beizutragen.« Sein Terminkalender ist voll, er ist nach wie vor Vielflieger und berät Unternehmen auf der ganzen Welt. Etwas Nützliches beitragen konnte auch der CDU-Politiker Heiner Geißler. Mit 83 Jahren trat er in der hoch emotional geführten Debatte um das Bahnprojekt »Stuttgart 21« als Schlichter auf.

Mein persönliches Vorbild ist Bill Hybels. Der Mann aus Chicago ist wahrscheinlich der beliebteste Pfarrer der Welt. Sonntags hat er typischerweise mehr als 20 000 Gottesdienstbesucher. Mit seinen Gottesdiensten für »Suchende« erreicht er in den USA regelmäßig auch viele Kirchendistanzierte. Und immer am zweiten Augustwochenende macht er ein mehrtägiges Managementtraining, an dem weltweit über 150 000 Menschen teilnehmen. Vor einigen Jahren hat der 1951 Geborene seine Willow Creek Community Church jedoch in andere Hände gelegt. Er wollte sich ganz den weltweiten Schulungen widmen. Nicht zuletzt ist er jedes Jahr mindestens einmal in Deutschland und hat in der Regel auch hier mehr als 10 000 Zuhörer. Erst unbemerkt, dann immer dramatischer ist seinen Nachfolgern die Arbeit in Chicago entglitten. Es war ein Fiasko. Kürzlich hat Bill Hybels die Reißleine gezogen. Wichtigen Mitarbeitern hat er gekündigt und die Leitung wieder übernommen. Der neue alte Chef ist kaum da und schon fangen die Dinge an, sich zu normalisieren.

Legende und Wahrheit über demografischen Wandel

Wenn Sie die wirtschafts- und sozialpolitischen Debatten in Deutschland verfolgen, dann werden Sie oft hören, dass der demografische Wandel uns zwingt, in Zukunft länger zu arbeiten. In diesem Kapitel haben Sie bisher gelesen, dass viele Führungskräfte sowie hoch qualifizierte Fachkräfte aus Technik und Ingenieurwesen zwar nicht länger arbeiten müssen, aber länger arbeiten wollen und dies auch gerne tun. Nach Angaben der Initiative »Das Demographie Netzwerk« (ddn) gehen die meisten Menschen in Deutschland nicht, wie gesetzlich vorgesehen, mit 65, sondern zwischen 58 und 64 Jahren in Rente: »Nur etwa die Hälfte aller Arbeitnehmer, die 2009 in Rente gingen, tat dies aus Altersgründen. Mit 27,8 Prozent schied mehr als ein Viertel aufgrund gesundheitlicher Probleme vorzeitig aus dem Erwerbsleben aus, dies im Durchschnitt mit 55,1 Jahren.«

Die ausgeübte Tätigkeit spielt für das Renteneintrittsalter eine große Rolle: »Tendenziell gilt, je stärker die physische Belastung ist, desto früher der Renteneintritt. So weisen Berufe im Handwerk und in der Industrie deutlich geringere Verbleibsquoten auf als akademische Berufe wie beispielsweise Ärzte, Apotheker oder generell geistes- und naturwissenschaftliche Berufe. Von den im Hoch- oder Tiefbau beschäftigten Personen geht fast jeder Zweite aus Gesundheitsgründen vorzeitig in Rente.« Wir müssen also zunächst einmal nach Berufen differenzieren. Dass jemand, der seit dem 16. Lebensjahr auf dem Bau geschuftet hat, das nicht bis 80 kann und will, ist ja völlig klar. Wir sind jedoch immer mehr eine Informationsgesellschaft mit hohem Automatisierungsgrad. Im Gegensatz zu Bismarcks Zeiten sind Berufe mit starker körperlicher Belastung heute und in Zukunft nicht mehr die Regel, sondern die Ausnahme. Insbesondere ist nicht einzusehen, warum angesichts des eklatanten Fachkräftemangels die Ressource »ältere Experten und Führungskräfte« nicht stärker genutzt werden sollte. Vor allem bei den sogenannten MINT-Berufen (Mathematik, Informatik, Naturwissenschaft, Technik) gibt es da so manchen Schatz zu heben. Doch was hat es mit dem demografischen Wandel überhaupt auf sich?

Derzeit leben in Deutschland 82,4 Millionen Menschen. 2050 werden es nur noch 69 bis 74 Millionen sein. Das hat das Statistische Bundesamt in Wiesbaden in seiner jüngsten Vorausberechnung ermittelt. Die Zahl der 60-Jährigen wird dann mit einer guten Million doppelt so hoch sein wie die Zahl der Neugeborenen. Zum Vergleich: 2005 gab es fast genauso viele Neugeborene wie 60-Jährige. Noch vor 100 Jahren ergab die grafische Darstellung der Altersstruktur sogar noch die typische »Alterspyramide«: Sehr, sehr viele Kinder als breiter Sockel der Pyramide. Und wenig ältere Leute als Spitze. Abbildung 11 zeigt, wie es 2008 aussah und vom statistischen Bundesamt für 2060 prognostiziert wird: Keine gleichmäßige Pyramide mehr, sondern eine Glockenverteilung. Viele ältere Leute, wenig junge Leute.

Aber Achtung: Gerade im Bereich der 40- bis 50-Jährigen stehen dem Arbeitsmarkt gerade mehr Personen zur Verfügung als jemals zuvor. Wer also behauptet, unser Fachkräftemangel habe demografische Ursachen, hat nur bedingt Recht. Wir erleben derzeit ein Allzeithoch an Menschen, die arbeiten wollen. Mit demografischem Wandel hat das noch nichts zu tun. Es gibt im Moment in Deutschland so viele Erwerbstätige wie nie zuvor. Und auch die Gesamtzahl der Menschen, die dem Arbeitsmarkt zur Verfügung stehen, das sogenannte Erwerbspersonenpotenzial, ist nur im Jahr 2006 einmal höher gewesen als Mitte 2012. Zwar gibt es schon seit Mitte der 1960er-Jahre, zunächst in Westdeutschland und ab 1990 in Gesamtdeutschland, einen Bevölkerungsrückgang. Doch wurde dieser auf dem Arbeitsmarkt bisher durch Zuwanderung sowie steigende Erwerbsquoten bei Frauen und Älteren ausgeglichen.

Auf diese Zusammenhänge verweist der Volkswirt und Arbeitsforscher Joachim Möller, Direktor des Instituts für Arbeitsmarkt- und Berufsforschung (IAB) der Bundesagentur für Arbeit in Nürnberg. Sein klares Fazit in einem Beitrag für *Spiegel Online*: »Der demografische Wandel krempelt Arbeitsmarkt und Gesellschaft kräftig um. Doch die Engpässe, die Unternehmen bei bestimmten Fachkräften bereits heute beklagen, lassen sich noch nicht auf den demografischen Wandel zurückführen.« Das bedeutet allerdings nicht, dass wir uns gelassen zurücklehnen könnten. Beispiel Ingenieure: Diejenigen, die heute im Beruf stehen, sind im Schnitt 50 Jahre alt. Innerhalb der nächsten zehn Jahre werden rund 450 000 Ingenieure in Rente gehen. Für sie gibt es keinen ausreichenden Ersatz.

Das liegt an den sogenannten »Schweinezyklen«. Der Begriff stammt aus der Landwirtschaft. Trifft eine hohe Nachfrage nach Schweinefleisch auf ein nur geringes Angebot, so steigen die Preise. Viele Bauern werden sich jetzt entscheiden, vermehrt Jungtiere aufzuziehen. Sind diese alle geschlachtet, entsteht ein Überangebot an Fleisch. Was passiert? Die Preise gehen in den Keller, worauf viele Bauern die Schweinezucht wieder aufgeben. Ähnlich ist es mit Studienfächern. Gibt es Knappheit an bestimm-

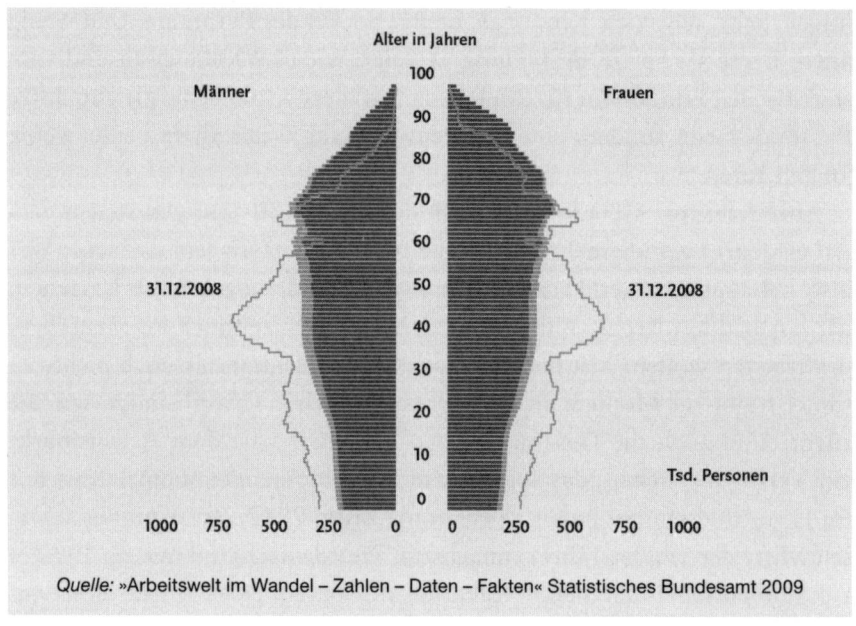

Quelle: »Arbeitswelt im Wandel – Zahlen – Daten – Fakten« Statistisches Bundesamt 2009

Abbildung 11: Altersstruktur in Deutschland 2008 (graue Linie) und Prognose für 2060 (dunkler Bereich: Untergrenze, heller Bereich: Obergrenze)

ten akademischen Berufen, so steigen die Gehälter. Und viele junge Leute wählen in der Hoffnung auf hohe Einkommen die entsprechenden Fächer. Kommen dann einige Jahre später viel mehr Absolventen auf den Arbeitsmarkt, als gebraucht werden, sinken die Gehälter wieder. In der Folge gibt es weniger Studenten.

Arbeitsforscher Joachim Möller erklärt: »Absolventen ingenieurwissenschaftlicher Studienfächer hatten nach der schweren Rezession 1993/94 durchaus Probleme, eine Stelle zu finden. Große Firmen verhängten Einstellungsstopps. Kein Wunder, dass die Studierneigung in diesen Fächern zurückging. Das ist lange her, aber die Auswirkungen sind bis auf den heutigen Tag zu spüren. In den betroffenen Altersjahrgängen – Personen, die heute zwischen 35 und 45 Jahre alt sind – finden sich vergleichsweise wenig ausgebildete Ingenieure.« Würden nun ganz viele junge Menschen aufgrund des Ingenieurmangels ein Ingenieurstudium aufnehmen, so könnte es in einigen Jahren sogar wieder zu einem Überschuss an Ingenieuren kommen. Entscheidend ist aber: Es gibt auf dem regulären Arbeitsmarkt keine kurzfristigen Lösungen!

Demografischer Wandel und Arbeitsmarkt: die Fakten

Aus der Presse kennen wir die Diskussion, das rückläufige Geburtenniveau sei eine tickende Zeitbombe. Gleichzeitig gibt es immer noch politische Widerstände und bürokratische Hürden bei der dringend nötigen Zuwanderung von Arbeitskräften. Hier sind die wichtigsten Fakten zum demografischen Wandel und seine Auswirkungen auf den deutschen Arbeitsmarkt:

- Mit heute durchschnittlich 1,4 Kindern je Frau ersetzt die Kindergeneration in Deutschland nicht die Elterngeneration.
- Praktisch kein europäisches Land erreicht mehr ein Geburtenniveau, das notwendig wäre, um die Bevölkerungszahl ohne Zuwanderung zu halten.
- Der geburtenstärkste Jahrgang der Nachkriegszeit war 1964. Seine Mitglieder gehen beim derzeitigen System spätestens 2029 in Rente. Danach nimmt die Zahl der Erwerbsfähigen mit jedem Jahr ab.
- Eltern werden immer älter. Westdeutsche Frauen waren 1980 bei der Geburt ihres ersten Kindes durchschnittlich 25 Jahre alt. 2008 waren es bereits 28,7 Jahre. In Ostdeutschland hat sich das durchschnittliche Alter der Mütter bei der Erstgeburt im gleichen Zeitraum von 22,3 auf 27,5 Jahre erhöht.
- Der Anteil kinderloser Frauen in Westdeutschland ist heute mit rund 25 Prozent einer der höchsten der Welt.
- Ohne Nettozuwanderung (rund 9 Millionen Menschen zwischen 1965 und 2008) würde die Bevölkerungszahl in Deutschland schon seit 1972 sinken.
- Zwischen 1991 und 2008 sind fast 2,7 Millionen Menschen von Ost- nach Westdeutschland gezogen (Berlin ausgenommen). In umgekehrter Richtung sind es nur 1,6 Millionen.
- Die durchschnittliche Lebensarbeitszeit liegt derzeit bei 37,5 Jahren. Die Lebenserwartung ist schon jetzt mehr als doppelt so hoch und steigt bis 2050 bei Männern von 76,2 auf 83,5 Jahre, bei Frauen von 81,8 auf 88 Jahre.
- Heute beträgt das Durchschnittsalter der Deutschen 42 Jahre. 2050 wird es voraussichtlich bei 50 Jahren liegen.
- Bis 2050 verdreifacht sich die Zahl der Menschen, die 80 Jahre oder älter sind, von knapp vier auf über zehn Millionen.
- Während 1955 fünf Erwerbstätige für die Rente eines westdeutschen Ruheständlers aufkamen, teilten sich die finanzielle Belastung 1991 bereits nur noch vier und 2006 nur noch drei Arbeitnehmer. 2050 werden zwei Erwerbstätige für einen Rentner zahlen müssen.

Quellen: Institut für Arbeitsmarkt- und Berufsforschung (IAB) der Bundesagentur für Arbeit, Statistisches Bundesamt, Deutsche Rentenversicherung Bund

Schauen wir noch einmal in die Zukunft: 2060, also in 40 bis 50 Jahren, schlägt die demografische Keule mit voller Wucht zu. Es fehlen dann Mitarbeiter auf jeder Altersstufe. Das liegt dann nicht mehr an »Schweinezyklen«, sondern tatsächlich am demografischen Wandel. Die heute schon überall fehlenden Auszubildenden sind die ersten Vorboten. Rückläufige Zahlen von Beschäftigten werden uns in allen Bereichen schwer zu schaffen machen. Die deutsche Bevölkerung schrumpft, weil die Alten immer älter werden, immer weniger Kinder zur Welt kommen und die Zuwanderung nicht ausreicht, um das auszugleichen. Diesen Trend kennen Wissenschaftler seit Jahren. Eine Änderung ist nicht in Sicht.

Unterm Strich lässt sich sagen: Noch hat der Bevölkerungsrückgang den Arbeitsmarkt kaum tangiert. Im Gegenteil, wir befinden uns beim Arbeitskräfteangebot in der Nähe eines Allzeithochs. Wenn wir Rekrutierungsengpässe etwa bei Ingenieuren oder in bestimmten Sozial- und Gesundheitsberufen beobachten, dann hat dies andere Ursachen. Welche Ursachen es auch letztendlich sind, die das eigene Unternehmen in eine prekäre Situation bringen: Wichtig ist, nicht bloß zu jammern, die Notlage auf den demografischen Wandel zu schieben oder die Dinge einfach hinzunehmen.

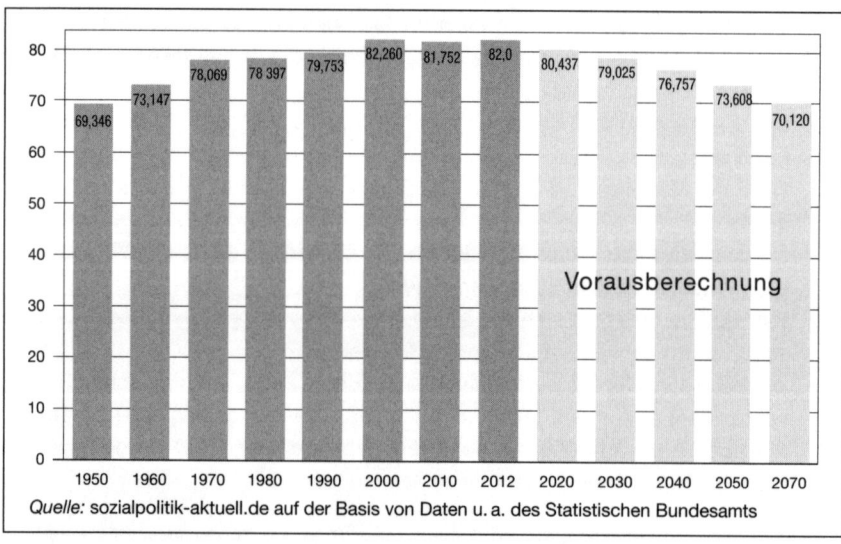

Abbildung 12: Bevölkerungsentwicklung in Deutschland von 1950 bis heute sowie Prognose bis 2060

Denn auch wenn die Statistiken einen Fachkräftemangel eindeutig belegen, vernachlässigen viele Unternehmen konkrete Maßnahmen, um die Probleme aktiv anzugehen. Es ist vergleichbar mit dem alljährlichen Wintereinbruch: Jeder weiß, dass der Winter irgendwann kommt, doch jedes Jahr werden die Autofahrer erneut völlig überrascht von den ersten Schneeflocken. Ähnlich werden die Probleme des Fachkräftemangels ignoriert. Dabei ist einer der Auswege aus der Misere offensichtlich – das Potenzial der Älteren!

Was für ältere Mitarbeiter und Führungskräfte spricht

Sie haben bereits gelesen, dass es auf dem regulären Arbeitsmarkt keine kurzfristigen Lösungen gibt. Zu lang sind die »Schweinezyklen« und zu mächtig sind die jahrzehntelangen demografischen Trends. Was aber jedes Unternehmen auch ganz kurzfristig tun kann, haben Bosch oder General Motors vorgemacht: Führungskräfte und Fachexperten über 60, die sich bei bester Gesundheit auf Kreuzfahrtschiffen langweilen, in die Unternehmen zurückholen! Das ist keine Notlösung, sondern eine echte Win-Win-Situation. Die Rentner profitieren, weil sie wieder eine sinnvollere und erfüllendere Lebensperspektive bekommen als 20 oder gar 30 Jahre Nichtstun. Die Unternehmen profitieren, weil sie nicht nur kurzfristig Engpässe beseitigen können, sondern auch wertvolles Know-how in die Firma zurückholen. Schließlich profitiert die Wirtschaft insgesamt, weil das Niveau der Produktivität gehalten werden kann.

Trotz all dieser Vorteile gibt es immer noch Vorbehalte gegen ältere Chefs und Fachleute. Seit den späten 80er Jahren galt schließlich der »Jungdynamiker« als Idealbesetzung auf dem Chefsessel. Aber es betrifft nicht nur die Chefs. Generell sind Vorbehalte gegen ältere Mitarbeiter weit verbreitet. Das belegt auch eine Studie des Instituts der deutschen Wirtschaft. Demnach halten 27 Prozent der Manager, die für die Erhebung befragt wurden, Mitarbeiter über 50 für weniger produktiv als ihre jüngeren Kollegen. 25 Prozent der Unternehmen sprechen sogar von einem geringeren Leistungswillen. Die Studie zeigt aber auch, dass das Vorurteil, ältere Arbeitnehmer seien häufiger krank, nicht stimmt. Fast die Hälfte der befragten Betriebe findet sogar, dass Ältere seltener ausfallen als Jüngere.

Rudolf Kast, Vorstandsmitglied der Initiative »Das Demographie Netzwerk« (ddn), vertritt gegenüber der Zeitschrift *Personal im Fokus* die klare Gegenposition zu den Vorbehalten gegenüber Älteren: »Langsam, aber sicher verabschiedet sich unsere Gesellschaft vom Defizitmodell des Alters«, sagt der Experte. »Ältere Beschäftigte werden wegen des Fachkräftemangels wieder gebraucht und dabei stellen Arbeitgeber fest, dass Ältere spezifische Kompetenzen haben, die sich in hoher Leistung spiegeln.« Generell lasse sich sagen: Ältere sind qualitätsbewusster, kennen die Prozesse besser, identifizieren sich mehr mit dem Unternehmen, sind bessere Teamworker und verfügen über Erfahrungswissen, das sie gerne weitergeben. Rudolf Kast lässt keinen Zweifel: »Der Paradigmenwechsel hat eingesetzt.«

Vier Mythen über ältere Führungskräfte

Helmut Kramer, ehemaliger Chef des Österreichischen Instituts für Wirtschaftsforschung, hat in einem Vortrag, der von Gudrun Ostermann dokumentiert wurde, von insgesamt vier Mythen über ältere Beschäftigte gesprochen. Besser kann man es nicht sagen. Ich beziehe diese Mythen hier noch einmal speziell auf Führungskräfte:

Mythos 1: Ältere nehmen den Jungen die Karrierechancen weg

Das stimmt nur in Einzelfällen. Untersuchungen zeigen, dass Länder mit hohem Pensionsantrittsalter auch die niedrigste Jugendarbeitslosigkeit aufweisen. Es geht um den Gewinn aus der Mischung, das bringt die höchste Produktivität. Besonders in wirtschaftlich schwierigen Zeiten geht es auch um die Krisenerfahrung der Älteren.

Mythos 2: Ältere sind weniger produktiv und viel teurer als Jüngere

Körperlich und geistig lässt die Leistungsfähigkeit der Älteren minimal nach, bis zum 70. Lebensjahr aber nicht dramatisch. Erfahrung kann auch hier Vorteile schaffen. Ja, für Unternehmen können ältere Führungskräfte teuer sein. Aber das muss nicht immer so bleiben. Wir sollten unsere lieb gewonnenen Vorstellungen, welches Gehalt jemandem mit 50 im Vergleich zu 30 »zusteht«, infrage stellen.

Mythos 3: Die meisten Älteren wollen gar nicht länger arbeiten

Das ist kein Mythos, sondern heute vielfach eine Tatsache. Allerdings gibt es auch zu wenig Anreize. Reformen sind hier dringend notwendig. Das Beispiel Bosch zeigt, dass ältere Führungskräfte und Fachexperten, die finanziell ausgesorgt haben, mit Geld nicht mehr zu ködern sind. Altersgerechte, sinn-stiftende Angebote locken sie dann aber doch! Ich würde gerne noch hinzufü-gen: Wenn jemand nicht mehr arbeiten will (Will-Skill-Matrix) wird er dadurch zum B- oder sogar zum C-Mitarbeiter.

Mythos 4: Gesellschaftliche Alterung ist doch eigentlich egal
Die Probleme lösen sich nicht von selbst, das ist Illusion. Notwendige Verän-derungen ergeben sich nicht »einfach so«. Vielmehr ist auf vielen Ebenen ein Umdenken erforderlich. Entweder Unternehmen sind jetzt vorbereitet – oder sie müssen später unter großen Schmerzen das Notwendige nachholen.

Auch Geoff Smart spricht in seinem Buch *Leadocracy* das bisher gängige Muster an: Viele überragende Führungskräfte haben seit der Schulzeit hart gearbeitet. Sie haben an ihrer Karriere gebaut. Sie haben Hervorragendes geleistet, aber natürlich auch hervorragend verdient. Dann haben sie sich ein bisschen sozial engagiert. Vielleicht in einer Stiftung oder in einem Verein. Jetzt aber verbringen sie viele Lebensjahre auf dem Golfplatz. Viele dieser Führungskräfte fühlen sich innerlich leer und gelangweilt, selbst wenn sie beim Golfspielen ordentlich einputten. Im Englischen hört sich das so an: »Make good grades, make a buck, make a difference, make a putt.« Zu Deutsch: »Erreiche gute Noten, verdiene möglichst viel Geld, verändere die Welt ein bisschen und verbessere dann dein Handicap beim Golfen.« Von diesem Vorbild für Manager sollten wir uns bald verab-schieden.

Als junger Mensch war ich oft in Südkorea. Besonders ein Beispiel, wie ältere Manager noch einmal eine neue Aufgabe finden, hat mich total fasziniert. In der Hauptstadt Seoul, auf der Yoido-Insel im Han-Fluss, steht die größte Kirche der Welt. Die Yoido Full Gospel Church hat 27 000 Sitzplätze, die im Verlauf jedes Sonntags sieben Mal gefüllt werden. Alle zwei Stunden, beginnend um 7 Uhr, findet ein 90-minütiger Gottesdienst statt. In den jeweils verbleibenden 30 Minuten müssen 27 000 Menschen die Kirche verlassen und 27 000 Neuankömmlinge wiederum ihre Plätze einnehmen. Sonntag für Sonntag klappt das völlig reibungslos, ohne Drängeln und Schubsen – eine organisatorische Meisterleistung! Busse parken in Dreierreihen ein. Am Haupteingang warten Saalordner in wei-ßen Jacketts, erkennen mit sicherem Blick diejenigen, die zum ersten Mal kommen, und versorgen sie mit Informationen. Für Ausländer gibt es eine eigene Empore und Simultandolmetscher für sieben Sprachen.

Geleitet wird diese Kirche der Superlative nicht allein von einem Pastor. Das weitere Leitungsteam besteht aus 62 ehemaligen Führungskräften der Wirtschaft, die alle älter als 63 Jahre sind. Der Pfarrer geht nämlich regelmäßig auf pensionierte Manager zu. Das Geld, sie fest anzustellen, hat er leider nicht. Aber er hat wunderschöne Büros herrichten lassen, die genauso eingerichtet sind, wie es koreanische Manager lieben: mit einem Schreibtisch in XXL und einer kleinen Sitzgruppe samt Tischtuch auf dem Beistelltisch. Dort können die Führungskräfte jetzt weiterhin morgens um 6 oder 7 Uhr zur Arbeit kommen und nach Herzenslust managen. »Sag mir einfach, welche Aufgabe du wahrnehmen willst«, bietet der Pfarrer ihnen mit einem Lächeln an. Und an Aufgaben mangelt es nicht. Es gibt 23 Chöre mit je 250 Sängern. Jemand muss die 600 Mitarbeiter führen, die den Verkehr auf dem Parkplatz regeln. Für die Reinigung von 2000 Toiletten braucht es einen Verantwortlichen. Und so weiter. Ein Eldorado für ehemalige Manager, die noch etwas bewegen und ihrem Leben einen Sinn geben wollen. Das Beste daran: Niemand braucht eine Kirche zu besitzen, um die Idee nachzumachen.

Kapitel 11

Schneller, höher, weiter
Das 80–20–0-Unternehmen ist keine Utopie

In meinen Vorträgen vor Unternehmern gibt es einen Moment, den ich immer wieder genießen kann: Ich male den Chefs zunächst ein Bildchen mit der typischen Verteilung von A-, B- und C-Mitarbeitern in den Unternehmen ans Flipchart. Diese Verteilung lautet 20–60–20. Also: 20 Prozent A-Mitarbeiter, 60 Prozent B-Mitarbeiter und 20 Prozent C-Mitarbeiter. Das lässt sich schnell und einfach mit drei Säulen skizzieren, die in etwa diese Größenverhältnisse wiedergeben. So sieht also der Status quo aus. Jetzt male ich drei weitere Säulen daneben, die eine 80–20–0-Verteilung darstellen. Das soll heißen: 80 Prozent A-Mitarbeiter, 20 Prozent B-Mitarbeiter und überhaupt keine C-Mitarbeiter mehr! Danach wende ich mich ans Publikum und frage: »Wer von Ihnen kann sich vorstellen, seine Firma innerhalb von drei bis fünf Jahren von dem ersten in den zweiten Zustand zu überführen?«

Da blicke ich dann in erstaunte Gesichter. Bevor irgendjemand sich äußert, kommen meistens die vorsichtigen Rückfragen: »Meinen Sie wirklich 80–20–0?« Ja, genau das meine ich. Wenn das klar ist, melden sich die Skeptiker: »Wie soll denn das gehen?«, heißt es dann. Oder: »Wer Mitarbeiter einstellt, der stellt automatisch auch B und C ein. So viele Topleute sind doch gar nicht zu bekommen!« Typischerweise schütteln letztlich zwei Drittel der Teilnehmer entschieden den Kopf. Nein, das ist für sie beim besten Willen nicht vorstellbar. Ein Drittel dagegen denkt erst mal nach. Und einige nicken sogar schon ganz vorsichtig. Doch, doch, scheinen sie sich zu denken – wenn ich das wirklich will, warum soll es nicht klappen?

Ich sage Ihnen hier zwei Dinge glasklar. Erstens: Die besten Unternehmen der Welt sind 80–20–0-Unternehmen. Oder 90–10–0. Oder 98–2–0. Ein Unternehmen, das fast ausschließlich aus Topleuten besteht, ist möglich. Zweitens sage ich Ihnen: Wenn Sie es als Chef nicht einmal für möglich, sondern für eine bloße Utopie halten, ein 80–20–0-Unternehmen zu schaffen, dann stecken Sie in der Chef-Falle. Dann sind Sie wahrscheinlich auch kein wirklicher A-Chef. A-Chefs können und wollen 80 Prozent oder noch mehr ihrer Mitarbeiter zu A-Mitarbeitern entwickeln. Stellen Sie sich doch nur einmal für einen Moment Ihre Traumfirma vor. Ich bin mir sicher, das ist nicht nur eine erfolgreiche Firma mit tollen Produkten und begeisterten Kunden. Sondern es ist auch eine Firma, in der Sie als Chef jeden Tag von einem überragenden Team umgeben sind, mit dem die Arbeit so richtig Spaß macht. Wenn Sie von solch einer Firma träumen, dann träumen Sie automatisch von A-Mitarbeitern. Und wenn es einen Weg gäbe, Ihre Träume zu verwirklichen – würden Sie es dann nicht wenigstens versuchen?

Meine Einschätzung sieht so aus: Die meisten von uns werden in den nächsten Jahren gar keine andere Wahl haben, als ein Unternehmen zu schaffen, das vielen jetzt noch wie eine »Traumfirma« vorkommt. Wie auch immer Ihr Geschäft heute aussehen mag, es wird sehr wahrscheinlich anspruchsvoller, schneller und komplexer werden. Alles Mögliche, was sich messen lässt, steigt exponentiell an: Innovationen kommen immer schneller, Kunden werden immer anspruchsvoller, Wettbewerber werden immer mehr und so weiter. Das heißt, im Moment ist das alles vielleicht noch im grünen Bereich, aber teilweise sind diese Kurven schon geknickt und streben ganz schnell gegen unendlich. Wem das gefährlich werden wird, ist klar: nämlich den 20–60–20-Unternehmen!

Der amerikanische Managementexperte Jim Collins hat in Büchern wie *Der Weg zu den Besten* oder *Oben bleiben*. *Immer* genial auf den Punkt gebracht, worauf es im Unternehmen in Zukunft ankommt. Wie ein roter Faden zieht sich diese eine Erkenntnis durch seine Bücher: Hast du die richtigen A-Mitarbeiter, dann kann dir keine Marktentwicklung irgendetwas anhaben. Egal, wie schnell, wie komplex, wie herausfordernd alles noch wird – du »bleibst immer oben«, weil du nutzwertiger bist, konsequenter und schneller als jeder deiner Wettbewerber. Ich gebe das hier zugegebenermaßen verkürzt wieder und lege Ihnen die beiden Bücher von Jim Collins sehr ans Herz, wenn Sie Details wissen wollen. Am Schluss werden Sie jedoch wieder erkennen: 80–20–0 heißt das Ziel. Und das schaffen nur A-Chefs. Solche Chefs denken groß, sind schnell und stellen Ansprüche. Sie belohnen eine gute Leistung aber auch immer und sind wertschätzend. Sie sind einfach so, wie man sich einen Chef auch vorstellt.

Die Agenda 80–20–0

Nun frage ich Sie noch einmal: Halten Sie die 80–20–0-Company für möglich? Und wenn ja, trauen Sie sich selbst grundsätzlich zu, ein solches Unternehmen zu schaffen? Wenn Sie als Chef diese beiden Fragen verneinen, dann brauchen Sie dieses Kapitel nicht weiterzulesen. Wenn Sie aber beide Male zustimmend genickt haben, dann: Herzlichen Glückwunsch! Sie sind bereits weiter als schätzungsweise zwei Drittel Ihrer »Kollegen« auf den Chefsesseln landauf, landab. Sie akzeptieren keine Denkblockaden, sondern sagen sich: Was denkbar ist, das ist auch möglich. Und was andere geschafft haben, das kann ich auch schaffen. Aber Vorsicht: Der Wunsch alleine reicht nicht. Machen Sie das 80–20–0-Unternehmen zu Ihrem konkreten Ziel!

Unternehmer und Manager reden gerne über Ziele. Das ist richtig und gut so. Doch leider lehrt mich meine langjährige Erfahrung in der Beratung von etlichen mittelständischen Unternehmern, dass Ziele häufig viel zu schwammig definiert werden. In der Theorie haben sich viele mit dem Thema Ziele beschäftigt. Sie schließen Zielvereinbarungen mit ihren Mitarbeitern oder kennen beispielsweise die sogenannte SMART-Formel aus dem Projektmanagement, nach der Ziele S wie spezifisch, M wie messbar, A wie akzeptiert, R wie realistisch und T wie terminierbar definiert sein sollten. In der Praxis – und nur die zählt! – läuft die Zieldefinition dann immer wieder darauf hinaus, dass man irgendwie »besser werden« möchte. Das reicht aber nicht.

Wenn Sie sich zum Ziel setzen, bessere Mitarbeiter oder einfach nur »mehr A-Mitarbeiter« zu haben, dann wird sich wahrscheinlich nicht allzu viel ändern. Wie wichtig mir dieser Punkt ist, möchte ich Ihnen an einem sehr persönlichen Beispiel verdeutlichen. Wegen unterschiedlicher Auffassungen über das klare Ziel »80–20–0« habe ich mich von einem meiner wichtigsten Geschäftspartner schließlich trennen müssen. Die Trennung verlief in aller Freundschaft, war für mich aber leider nicht mehr zu verhindern. Immer wieder hatten wir diskutiert. Ich wollte für das Unternehmen, an dem ich beteiligt war und als dessen Geschäftsführer der Partner fungierte, das Ziel »80–20–0« verbindlich festlegen. Mein Partner wollte zwar »bessere Mitarbeiter«, hielt aber eine Firma ganz ohne C für Illusion und wollte sich auch nicht von allen C-Mitarbeitern trennen. Ich kann so etwas nicht verstehen.

Die schlichte Grafik in Abbildung 13 macht noch einmal anschaulich, was ich meine. Wenn Sie ein großes Ziel erreichen wollen, dann müssen Sie glasklar bestimmen, wo Sie heute stehen und wo Sie zu einem genau definierten Zeitpunkt sein wollen. Mit den Instrumenten, die Sie in diesem Buch kennen gelernt haben und die Sie auch in meinem Buch *Die Personalfalle* finden, können Sie einschätzen, wie viele A-, B- und C-Mitarbeiter Sie haben. Nehmen wir an, Sie haben eine typische Firma mit der Verteilung 20–60–20. Das ist, wo Sie stehen. Wenn Ihr Ziel jetzt ist, die Situation zu verbessern, dann geht die Reise irgendwohin. Es gibt eben immer unzählige Zustände, die irgendwie ein bisschen besser sind als der Status quo. Nur wenn Sie klar definieren: Das Ziel heißt »80–20–0« innerhalb von x Jahren, können Sie auch dort ankommen.

Wer schreibt, der bleibt – deshalb schreibe ich nicht nur so gerne Bücher, sondern bin auch ein großer Fan schriftlich fixierter Ziele. Wenn Sie

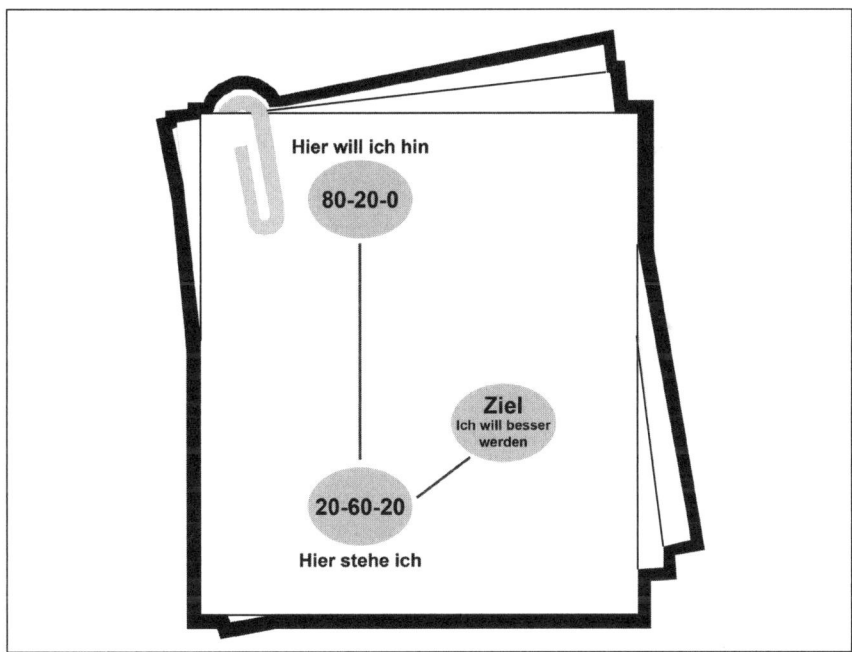

Abbildung 13: Das Ziel »80–20–0-Unternehmen« unverrückbar fixieren

das 80–20–0-Unternehmen erreichen wollen, dann machen Sie schriftlich Ihre »Agenda 80–20–0«. Es genügt dazu nicht, ein paar Zahlen aufzuschreiben. Machen Sie sich konkreter Gedanken. Wo genau stehen Sie in drei oder fünf Jahren? Wie genau werden Sie vorgehen? Wer sind Ihre Verbündeten auf dem Weg zum Ziel?

Doch lassen Sie uns noch einmal einen Schritt zurücktreten. Dann wird alles deutlicher. Typischerweise durchläuft ein Unternehmen fünf Phasen auf dem Weg vom Durchschnitt zur 80–20–0-Company. In allen diesen Phasen liegt es jeweils am Chef, ob die Weichen richtig gestellt werden:

Phase 1: Fokus weg von C- und hin zu A-Mitarbeitern

Es gibt da so ein psychologisches Gesetz, welches lautet: Worauf Sie Ihre Aufmerksamkeit richten, das wächst. In vielen Unternehmen, insbesondere bei kleinen Firmen und im Mittelstand, beobachte ich leider, wie die Aufmerksamkeit des Chefs immer stark bei den C-Mitarbeitern ist.

Die A-Mitarbeiter leisten ausgezeichnete Arbeit, aber der Chef schaut die ganze Zeit auf die Fehler der C-Mitarbeiter und überlegt, wie er diese wieder ausbügeln kann. Oder er fragt sich, was seine C-Mitarbeiter noch alles brauchen, um es demnächst besser machen zu können. Gleichzeitig haben die A zunehmend das Gefühl, dass ihnen ihre gute Arbeit niemand dankt.

Ich finde: Ein Unternehmen ist keine Förderschule. Erwachsene können sich einen anderen Job suchen, wenn's nicht passt. Sie brauchen keinen Chef-Pädagogen. Umgekehrt ist es unverantwortlich, die besten Leute zu demotivieren, indem man ihnen zu wenig Aufmerksamkeit schenkt. Also: Richten Sie Ihre Aufmerksamkeit ganz auf Ihre A-Mitarbeiter! Sie verhindern so nicht nur, dass Ihre A-Mitarbeiter das Weite suchen, sondern Sie werden C-Mitarbeiter oft ganz von alleine los. A-Themen wie Flexibilität, Zielvereinbarungen, Kundenorientierung oder Weiterbildung sind ihnen nämlich ein Gräuel. Wen der Job gar nicht interessiert, der mag sich nicht weiterbilden. Und wer nicht in Ihr Team passt, der verabschiedet sich oft schon, wenn die Anforderungen steigen.

Phase 2: Erste Veränderungen stellen sich ein

Wer beginnt, sich konsequent auf A-Mitarbeiter zu konzentrieren, wird schnell erste Veränderungen bemerken. Die A-Mitarbeiter fühlen sich wohler und leisten noch mehr. Den C-Mitarbeitern wird es zunehmend mulmig. Und erste B-Mitarbeiter bekommen Lust, zu A-Mitarbeitern zu werden. Jede kleine Veränderung in die richtige Richtung gilt es nun aufmerksam wahrzunehmen und nach Möglichkeit zu verstärken. Das Beste daran: Positive Veränderungen im Inneren wirken bald auch nach außen. Ihre Firma gewinnt an Strahlkraft. Und das wiederum eröffnet Ihnen die Möglichkeit, weitere A-Mitarbeiter anzuziehen.

Mit der Zeit werden Sie so etwas wie »Employer of choice« – also ein bevorzugter Arbeitgeber, zu dem man gerne kommt. Sie bekommen zwar sicher so schnell keine 8000 Bewerbungen pro offene Stelle, wie Google. Auch werden es kaum die 200 bis 300 Bewerber wie bei Audi, wenn eine Stelle frei ist. Aber zehn Bewerber sind ja für den Anfang auch schon etwas. Jetzt ist es an der Zeit, den Einstellungsprozess zu optimieren. Über den »Erfolgsfaktor mehrstufiger Einstellungsprozess« haben Sie in Kapitel 5 bereits gelesen.

Phase 3: Aus dem Ziel wird ein Plan

Sie wissen nun endgültig, dass Sie rauswollen aus der Durchschnittlichkeit. Leider gibt es immer noch zu viele Unternehmer, die mit Zielen zu wenig anfangen können. Für sie ist der Weg das Ziel. Sie lieben Sprüche wie: »Den Wandernden erschließt sich der Weg unter den Füßen.« Bei Ihnen ist das jetzt anders. Nicht der Weg ist für Sie das Ziel, sondern: »Das Ziel ist das Ziel.« Gemeint ist das konkrete, messbare, terminierbare Ziel. Dieses Ziel kann sinnvollerweise nur »80–20–0« heißen. Alles andere wäre ein fauler Kompromiss. Um das Ziel »80–20–0« zu erreichen, ist ein schriftlicher Plan notwendig, der spätestens jetzt erarbeitet werden sollte.

Ob Sie die Kurve in drei Jahren oder in fünf Jahren fahren, bleibt Ihnen überlassen. Zur Planung gehört es in jedem Fall, Antworten auf die folgenden Fragen festzuhalten: Wann werde ich mein Organigramm auf den neuesten Stand bringen, damit ich klären kann, wer mit wem redet? Welches sind besonders schwierige Gespräche, zu denen ich möglicherweise jemanden mitnehme? Welche Vorfälle habe ich dokumentiert und möchte sie mit den Betreffenden besprechen? Welche positiven Angebote habe ich Mitarbeitern zu machen?

Phase 4: Mitarbeiter werden systematisch bewertet

Ihr Plan kann nur aufgehen, wenn Mitarbeiterbewertung zu einer selbstverständlichen Routine wird. Nur wenn ich weiß, wo ich mit meiner Firma stehe und was sich seit dem letzten Messpunkt verändert hat, kann ich Kurs halten. Einen Leistungsbeurteilungsbogen für Mitarbeiter habe ich in meinem Buch *Die Personalfalle* besprochen. Der Bogen ist einfach aufgebaut und umfasst insgesamt 13 Kriterien, darunter unter anderem Fachkenntnis, Einsatzbereitschaft, Zusammenarbeit, Arbeitstempo, Arbeitsqualität, Selbstständigkeit, Kundenbezug oder Einstellung zu Zielen.

Der Leistungsbeurteilungsbogen für Mitarbeiter hat eine Vorder- und eine Rückseite. Zunächst füllt der Mitarbeiter den gesamten Bogen aus. Das ist die Selbstbewertung. Dann füllt der Vorgesetzte nur die Vorderseite des Bogens im Hinblick auf den Mitarbeiter aus. Das ist die Fremdbewertung. Anschließend müssen beide miteinander sprechen, um sich auf eine Note zu einigen. *Den Leistungsbeurteilungsbogen für Mitarbeiter können Sie kostenlos auf der Website www.die-personalfalle.de herunterladen (unter Menüpunkt »Downloads« die Nr. 10).*

Phase 5: Schritt für Schritt wird aus dem Plan Wirklichkeit

Wie viel Zeit Sie sich für die Umsetzung Ihres Plans lassen, ist nicht so entscheidend. Drei beziehungsweise fünf Jahre sind nur ein Vorschlag. Ich weiß aus der Beratung, dass es möglich ist, innerhalb dieses Zeitraums das Schiff klar zur Wende zu machen. Wenn Sie lieber sechs oder sieben Jahre ansetzen wollen, ist das auch okay. Wichtig ist, dass Sie einen Zeitplan haben, diesen systematisch abarbeiten und unterwegs immer wieder schauen, wo Sie stehen. Mindestens einmal im Jahr müssen Sie also messen, wie nahe Sie dem Ziel »80–20–0« bereits sind.

Wenn Sie sich drei Jahre Zeit gegeben haben, kann das Ganze so aussehen: Sie starten beispielsweise bei 20–60–20. Das ist, wie bereits erwähnt, der durchschnittliche Ist-Zustand. In Jahr 1 erreichen Sie 40–40–20. Beispielsweise indem Sie beim Recruitingprozess sicherstellen, dass keine C-Mitarbeiter mehr eingestellt werden. In Jahr 2 sind Sie bei 60–30–10. Sie trennen sich bereits aktiv von verbliebenen C-Mitarbeitern. Jetzt führen Sie die Mitarbeiterbeurteilung erneut durch mit dem Ziel 60–30–10. In Jahr 3 sind Sie dann schließlich bei 80–20–0. Eine weitere Mitarbeiterbeurteilung bestätigt dies.

Vom richtigen Umgang mit C-Mitarbeitern

Jetzt packe ich ein heißes Eisen an. Seit ich über die ABC-Thematik Vorträge halte und dazu veröffentliche, höre ich immer wieder den Vorwurf, von C-Mitarbeitern zu sprechen sei unmenschlich oder gar unchristlich. Und jetzt soll es auch noch darum gehen, den Anteil von C-Mitarbeitern auf null zu reduzieren! Das kann natürlich bedeuten, Mitarbeiter zu entlassen. Schon in meinem Buch *Die Personalfalle* habe ich erläutert, warum »ABC« für mich nicht nur fair, sondern auch ethisch ist (siehe dort insbesondere S. 95 ff.). Da nicht alle dieses Buch kennen, möchte ich zwei wichtige Punkte hier noch einmal herausgreifen. Erstens: Es ist nicht unethisch, etwas zu fordern, sondern nur, etwas Ungerechtes zu fordern. Und zweitens: Es gibt nicht »den« C-Mitarbeiter schlechthin, sondern immer nur C-Mitarbeiter in einem bestimmten Unternehmen und im Hinblick auf konkrete Jobs.

Christen, die sich an der Bibel orientieren, finden gerade im Neuen Testament Gleichnisse und Hinweise darauf, dass Gott von Menschen auch etwas fordert. Da ist zum Beispiel das Gleichnis vom Feigenbaum in Lukas 13, 6–9: Ein Mann hatte in einem Weinberg einen Feigenbaum, der schon drei Jahre lang keine Frucht brachte. Da beauftragte er einen Gärtner, den Baum abzuholzen. Dieser sagte zu dem Besitzer: »Herr, lass ihn noch dieses Jahr, bis dass ich um ihn grabe und ihn bedünge; vielleicht bringt er doch noch Frucht; wenn aber nicht, so lasse ihn abhauen.« Ich verstehe das als Aufforderung zur Geduld und als Appell, jedem nicht nur eine zweite und dritte, sondern, falls nötig, auch noch eine vierte Chance zu geben. Gleichzeitig ist klar: Irgendwann muss Schluss sein! Die Bibel spricht an anderer Stelle auch von den »Talenten«, also Gaben, die wir Menschen haben. Als Christ glaube ich, dass alle Menschen von Gott besondere Gaben bekommen haben, wie es auch der Apostel Paulus im ersten Korintherbrief beschreibt. Doch nicht jeder hat die gleichen Talente! Das ist der Punkt.

Viele Menschen machen heute Jobs, die gar nicht ihrem Talent entsprechen. Das sind dann typischerweise die C-Mitarbeiter. Aus Bequemlichkeit oder weil sie dem Berufswunsch der Eltern statt dem eigenen Stern gefolgt sind, oder aus Angst vor einem Neubeginn oder aus Tausend anderen Gründen machen sie Jobs, die ihnen eigentlich nicht liegen. Gleichzeitig hört man immer wieder die verrücktesten Geschichten von beruflichen Neuanfängen. Eine der unglaublichsten ist die Geschichte des ehemaligen Schweizer Herzchirurgen Markus Studer, der den Arztkittel an den Nagel hängte, um Fernfahrer zu werden. In diesem Job ist er endlich glücklich.

Der Journalist Markus Mäder hat darüber sogar ein Buch geschrieben: *Vom Herzchirurgen zum Fernfahrer: Der Spurwechsel des Dr. med. Markus Studer.* Hüten Sie sich also als Chef davor, beurteilen zu wollen, welcher Job zu jemandem passt oder nicht. Das kann letztlich nur jeder selbst herausfinden. Als Chef ist es jedoch Ihre Aufgabe, die tatsächlich abgelieferte Leistung eines Mitarbeiters zu beurteilen. Und es ist Ihr gutes Recht, eine Leistung auch mit »C« zu bewerten.

Wenn Sie dies alles bedenken, fällt es Ihnen hoffentlich leichter, der Realität ins Auge zu sehen und C-Mitarbeiter klar als Problemfälle zu erkennen. Sie tun weder der Firma noch sich selbst noch Ihren A-Mitarbeitern einen Gefallen, wenn Sie an C-Mitarbeitern länger als nötig festhalten. Sie tun nicht einmal dem C-Mitarbeiter selbst einen Gefallen. Denn ein Mitarbeiter, der »innerlich gekündigt« hat, kann seine Arbeit auch nicht mehr als sinnvoll und befriedigend empfinden. Das ist unmöglich.

Der auf das Arbeitsrecht spezialisierte Rechtsanwalt Hans P. Schwarz aus Aalen meint übrigens dazu: Die häufige Angst von Arbeitgebern vor Kündigungen und vergleichbaren Maßnahmen ist unbegründet. Denn nur eine Minderheit von gekündigten Arbeitnehmern klagt gegen Kündigungen. Abhängig von der Betriebsgröße und natürlich auch von der Lage auf dem Arbeitsmarkt variiert die Anzahl der Kündigungsschutzklagen. Doch selbst in großen Betrieben, in denen eine gewisse Anonymität im Verhältnis zwischen Arbeitnehmer und Arbeitgeber herrscht, und auch in wirtschaftlich schwierigen Zeiten mit hohen Arbeitslosenquoten klagen allenfalls 30 Prozent der gekündigten Arbeitnehmer.

Von den Klagen, die dann doch beim Arbeitsgericht eingehen, erledigen sich schon etwa 75 bis 80 Prozent durch Abfindungsvergleiche. Zwar gibt es keine festgeschriebene Höhe für eine Abfindung, ja in den allermeisten Fällen nicht mal einen Rechtsanspruch auf eine Abfindung, trotzdem wird von Arbeitsrichtern häufig die Formel »halbes Monatsgehalt pro Beschäftigungsjahr« verwendet. Rechtsanwalt Schwarz empfiehlt trotzdem, die vielen Möglichkeiten zu nutzen, eine Trennung der Arbeitsvertragsparteien ohne Gerichtsverfahren hinzubekommen. Aber auch wenn es einmal zu einem Verfahren kommt, ist der oft überzogene »Respekt« von Arbeitgebern vor dem Arbeitsrecht und den Arbeitsgerichten seiner Meinung nach unbegründet.

Woran erkennen Sie nun aber überhaupt einen C-Mitarbeiter? Der C-Mitarbeiter erledigt seine Aufgaben unzuverlässig und ist nicht daran interessiert, sich weiterzubilden. Ein waschechter C-Mitarbeiter leistet wenig – und *will* auch gar nicht mehr leisten. Er scheitert nicht, sondern bemüht sich gar nicht erst ernsthaft, die Erwartungen von Vorgesetzten und Kollegen zu erfüllen. Ohne Skrupel belastet er Kollegen mit Mehrarbeit, um selbst noch weniger machen zu müssen. Trotzdem verlangt er regelmäßig mehr Gehalt. Die Werte seines Arbeitgebers oder der Firmenspirit sind ihm egal. Durch eine Lohnerhöhung ist er zwar ab und zu ein wenig motivierbar, jedoch verpufft dieser Effekt schon nach ungefähr zwei Wochen. Aber Achtung: Häufen sich C-Mitarbeiter in einer Abteilung, kann es auch an deren Chef liegen. Die Mitarbeiter eines C-Chefs zu entlassen, bringt überhaupt nichts.

Ob Sie ein A-Chef sind, zeigt sich kaum irgendwo so deutlich wie in Ihrem Umgang mit solchen C-Mitarbeitern. Die folgenden zehn Verhaltensweisen sind charakteristisch für A-Chefs gegenüber C-Mitarbeitern. A-Chefs verhalten sich fair und ethisch, aber konsequent. Hier sind meine Tipps:

Mehrstufigen Einstellungsprozess durchführen

Jeder falsch eingestellte Mitarbeiter kostet 15 Monatsgehälter. Das habe ich in meinem Buch Die Personalfalle belegt. Nehmen Sie sich daher Zeit für ein mehrstufiges Bewerbungsverfahren. Erfolgt die Einstellung bereits nach einem einzigen Gespräch, läuft man geradewegs in die Falle: Der Bewerber wird aufgrund seiner fachlichen Qualifikation eingestellt, aber aufgrund von charakterlichen Schwächen irgendwann entlassen.

Referenzen einholen

Ein gutes Arbeitszeugnis bedeutet nicht viel. Manchmal hat es der Mitarbeiter nach eigenen Vorstellungen selbst geschrieben und sein Vorgesetzter hat es so abgezeichnet. Deshalb: Holen Sie sich Referenzen bei jedem einzelnen vorherigen Arbeitgeber ein. Am Telefon konfrontieren Sie die bisherigen Vorgesetzten mit Aussagen des Bewerbers.

Probezeit aktiv gestalten

Die Probezeit heißt zu Recht Probezeit und nicht Garantiezeit. Vereinbaren Sie mit Ihrem neuen Mitarbeiter Meilensteine, die er innerhalb der

Probezeit erreichen soll. So weiß er, was von ihm erwartet wird. Und Sie haben eine Messlatte, anhand der Sie Ihren Neuen bewerten und mit anderen vergleichen können.

Rechtzeitig trennen

Schützen Sie Ihre Belegschaft vor C-Mitarbeitern. Auch wenn es schwerfällt: Trennen Sie sich von Beschäftigten, wenn deren Leistung Ihren Erwartungen nicht entspricht. Nutzen Sie insbesondere die Möglichkeit, ein Arbeitsverhältnis mit einem C-Mitarbeiter innerhalb der gesetzlichen Wartezeit von sechs Monaten zu kündigen. In dieser Wartezeit ist eine Kündigung ohne Kündigungsgrund möglich. Während einer vereinbarten Probezeit von maximal sechs Monaten kann mit einer kurzen Kündigungsfrist von zwei Wochen gekündigt werden.

Leistungskultur etablieren

Fordern Sie Leistung! Der A-Mitarbeiter wird sich freuen, wenn er einmal zeigen darf, was er kann. Vereinbaren Sie Ziele mit jedem Mitarbeiter und vergüten Sie alle leistungsgerecht. Werden Sie zum Magneten für qualifizierte Mitarbeiter.

Leistung bewerten

Geben Sie jedem Angestellten mindestens einmal jährlich umfassend Rückmeldung über seine Leistung. Betrachtet werden sollten sowohl fachliche Qualität als auch Einsatzbereitschaft. Idealerweise bewertet der Arbeitnehmer sich zunächst selbst. Anschließend bewertet ihn der Vorgesetzte. Dann wird diskutiert.

Einzelfall betrachten

Finden Sie heraus: Ist der C-Mitarbeiter nicht willens oder ist er nicht fähig zu besserer Leistung? Muss der Angestellte gefördert werden, weil er zwar will, aber nicht kann? Dann tun Sie es bitte und honorieren Sie Fortschritte und Erfolge. Wenn sich herausstellt, dass der Mitarbeiter nicht will, dann gilt: »My way or the highway.« Er bekommt noch eine Chance, aber es ist die letzte. Untersuchungen belegen, dass 90 Prozent der Mitarbeiter das Unternehmen irgendwann verlassen und nur 10 Prozent ihm

erhalten bleiben. *Dies bestätigte uns auch Personalguru Dave Ulrich in einem Interview, das Sie auf YouTube unter http://youtu.be/6GWK7t9AXG8 anschauen können.*

Rote Karte zeigen

Zu den Aufgaben eines Arbeitgebers gehört es nun einmal, das Repertoire an arbeitsrechtlichen Disziplinarmaßnahmen nicht nur zu kennen, sondern auch einzusetzen. Die Fairness gebietet es dabei, Mitarbeiter möglichst frühzeitig auf Defizite hinzuweisen. Das kann auch heißen, sie zu ermahnen oder sogar abzumahnen. Wenn sich dann herausstellt, dass auch diese Maßnahmen keinen Erfolg haben, erarbeiten Sie möglichst rasch – und bitte gemeinsam mit einem Fachanwalt für Arbeitsrecht – eine Exit-Strategie. Eine eventuell zu zahlende Abfindung ist gut investiertes Geld: Je kürzer der C-Mitarbeiter Ihrem Unternehmen schadet, desto besser.

Auf Augenhöhe verabschieden

Bleiben Sie jederzeit fair und freundlich. Achten Sie auf Ihren Ton. Sprechen Sie keinerlei Drohungen aus, auch keine versteckten. Setzen Sie niemanden unter Druck. Ziehen Sie vielmehr nicht erreichte Ziele als Begründung heran. Konsequenz hilft auch dem Mitarbeiter. Verdeutlichen Sie ihm: Eine Stelle in einem anderen Unternehmen könnte besser zu ihm passen.

Keine Selbstvorwürfe machen

Begreifen Sie Kündigungen als Teil Ihres Personalmanagements. Die Tatsache, dass ein Mitarbeiter seine Arbeit nicht gut macht, zeigt, dass er am falschen Platz ist. Über den Menschen sagt es nichts. Sie vertreten die Interessen Ihres Unternehmens und handeln situationsorientiert. Übernehmen Sie Verantwortung für die gesamte Belegschaft, nicht nur für Einzelne!

Sich von C-Mitarbeitern nicht rechtzeitig zu trennen ist teuer. Und was bei Mitarbeitern schon zu dramatischen Geldbeträgen aufläuft, wird bei C-Führungskräften geradezu astronomisch. Nehmen wir einmal an, ein Manager mit einem Jahresgehalt von 200 000 Euro wird den Erwartungen nicht gerecht. Wenn er jetzt nur auf der Hälfte der Zylinder läuft, dann entstehen Verluste von Hunderttausenden im Jahr. Besonders teuer sind dabei zusätzlich noch die »verpassten Gelegenheiten«. Der C-Chef wird nämlich keine A-Mitarbeiter einstellen, sondern B- und C-Mitarbeiter. Und er wird notwendige Veränderungen im Unternehmen schleifen lassen. Das Allerschlimmste jedoch: Zu befürchten ist, dass er viele Jahre in dieser Position bleibt. Und jetzt geht es nicht mehr um einige Hunderttausend, sondern um einige Millionen Euro.

Die Gratwanderung zum 80–20–0-Unternehmen

In einem Vortrag von Gunther Olesch habe ich einmal ein griffiges Bild gesehen, das ich hier gerne aufgreifen möchte. Stellen Sie sich vor, Sie sind in den Bergen und wollen einen Gipfel erobern. Der Berg, auf dem sich Ihr Ziel befindet, hat auf zwei Seiten Steilwände, die kaum zu bewältigen sind. Aber er ist über einen Grat mit zwei niedrigeren Bergen verbunden. Der einfachste und sicherste Weg zum Ziel besteht also in einer Gratwanderung über die beiden niedrigeren Gipfel. Diese Gratwanderung hat allerdings einen Nachteil: Sie müssen auf den ersten Gipfel hinauf, anschließend, dem Grat weiter folgend, wieder hinunter, dann auf den zweiten, noch höheren Gipfel, dann aber noch einmal hinunter, um schließlich auf den dritten und höchsten Gipfel zu kommen, der Ihr Ziel ist.

In Abbildung 14 sehen Sie diese Gratwanderung illustriert. Ich finde dieses Auf und Ab ein treffendes Bild für den Weg zu 80–20–0-Unternehmen. Sie werden es kaum auf geradem Weg schaffen, sondern müssen in Kauf nehmen, dass es noch mindestens zwei Mal abwärts geht, obwohl Sie schon so viel an Höhe gewonnen haben. A-Chefs wissen aber auch dann, wenn es zwischendurch wieder abwärts geht, wo das Ziel ist, zu dem sie hinwollen. Sie sind Visionäre. Sie haben das »Zielfoto« auch dann im Kopf, wenn es für die anderen nicht mehr sichtbar ist. Wenn Sie das Bild von der Gratwanderung noch einmal betrachten, werden Sie sehen, dass insbesondere beim Abstieg nach dem ersten Gipfel das Ziel nicht mehr sichtbar ist. Viele spielen in solch einer Situation mit dem Gedanken, aufzugeben. Visionäres Management bedeutet, das Ziel auch dann im Kopf zu behalten und anderen wieder vor Augen zu halten, wenn es gerade nicht sichtbar ist. Es bedeutet auch, zu wissen, wann es nur kurzfristig und unvermeidlich abwärts geht. Das heißt, wann die Krise nur vorübergehend und Teil des geplanten Weges ist.

Schauen wir uns diese Gratwanderung noch einmal näher an. Schon der Start ist keine einfache Angelegenheit. Erinnern Sie sich, dass zwei

Abbildung 14: Wie bei einer Gratwanderung im Gebirge führt oft nicht der gerade Weg zum Ziel, sondern es geht vorher auf und ab

Drittel der Chefs gar nicht glauben, dass eine 80–20–0-Company möglich ist. Oder es sich selbst nicht zutrauen. Wer die Sache in Angriff nimmt, wagt sich bereits auf den ersten Gipfel und stellt sich einer noch größeren Herausforderung. Danach, auf dem Weg zum zweiten Gipfel, geht es auf der Gratwanderung erst mal runter. So erhalten zum Beispiel C-Mitarbeiter teure Abfindungen. Und die Arbeit muss jetzt neu verteilt werden. Da kann man schon mal ganz schön ins Rutschen kommen. Zum Glück gibt es auch Positives zu vermelden: Die Gerüchteküche erkaltet allmählich. Und A-Mitarbeiter erhalten mehr Lob und Anerkennung, was bei ihnen einen Motivationsschub auslöst. Langsam bessern sich eventuell auch schon erste Kennzahlen. So geht es dann schließlich doch weiter zum zweiten Gipfel!

Leider geht es gleich wieder abwärts, kaum dass Gipfel zwei erreicht ist. Vieles läuft unrund, weil immer mehr Mitarbeiter sich neu aufeinander einspielen müssen. Das ist wie bei einer Mannschaftsumstellung durch einen Trainer im Fußball, nach der im ersten Spiel zunächst einmal die Abläufe nicht mehr stimmen. Es kommt zu vielen Fehlpässen – aber da muss die Mannschaft jetzt durch, bis die Abläufe wieder sitzen. Im Unternehmen hakt es aber auch beim Thema Trennungen. Eventuell geht nicht jede Trennung durch. Es muss vielleicht deutlich mehr kommuniziert werden als erwartet, möglicherweise bildet sich Widerstand, im Extremfall kommt es zu Prozessen vor dem Arbeitsgericht. Von denen, die bleiben, will vielleicht nicht jeder sein Wissen abtreten. Die Herausforderung besteht jetzt darin, Dinge zu verlernen, um anderes zu erlernen.

Trotzdem geht es bald auch wieder aufwärts: Die guten Mitarbeiter haben die neue A-Orientierung im Unternehmen erkannt und beginnen, diese zu verinnerlichen. Der Faktor Eigenmotivation nimmt stark zu, vor allem wenn die Fortschritte jetzt auch monatlich visualisiert werden. Langsam, aber sicher entwickelt sich ein Hochleistungsteam. Der dritte Gipfel ist in Sicht – und jetzt kann er gar nicht hoch genug sein! Der Anstieg gestaltet sich schwierig, aber alle sind mit dabei. A-Mitarbeiter lieben es, sich zu vergleichen und über ihre Erfolge zu reden. Schließlich ist auch der höchste Gipfel gepackt! Das 80–20–0-Unternehmen ist Realität.

Aber Achtung: Wenn man an diesem Punkt ist, gilt es, hochsensibel zu sein. Denn der Erfolg verleitet zu Übermut und Ignoranz. Jim Collins hat darüber ein weiteres Buch geschrieben, das es leider nicht auf Deutsch gibt: *How the Mighty Fall*. In diesem Werk darüber, »wie die Mächtigen stürzen«, kann man nachlesen, wie im größten Erfolg eines Unternehmens oft schon der Keim des Abstiegs angelegt ist. Also seien Sie gewarnt. Wenn Sie weiterhin in der »Bergwelt« gut zurechtkommen wollen, braucht es Disziplin und klare Zielsetzungen. Den finalen, höchsten Gipfel gibt es nicht. Ist das 80–20–0-Unternehmen Realität, braucht es sofort neue, anspruchsvolle und herausfordernde Ziele. Sonst ist der Abstieg programmiert. Und diesmal nicht den Grat entlang, sondern jäh an der Steilwand hinunter.

Kapitel 12

Wie man das Schiff dreht
Wege aus der Chef-Falle

»Warum manche Menschen erfolgreich sind und andere nicht« – dieser Frage geht der amerikanische Buchautor Malcolm Gladwell in seinem Bestseller *Überflieger* nach. Dazu analysiert er die Biografien außergewöhnlich erfolgreicher Menschen. Einer davon ist Bill Gates. Der 1955 geborene Mitgründer der Microsoft Corporation ist aktuell der zweitreichste Mann der Welt. Malcolm Gladwell kommt zu dem Schluss, dass der junge Bill Gates sich nicht nur durch hohe Intelligenz und außerordentlichen Fleiß und Ehrgeiz auszeichnete, sondern auch viel Glück hatte. Mehr als einmal war er zur richtigen Zeit am richtigen Ort – und nutzte seine Chancen. So besuchte der Sohn eines Rechtsanwalts aus Seattle eine Privatschule, die ihren Schülern den Fernzugang zu einem Computer von General Electric ermöglichte. In den 1960er-Jahren eine absolute Seltenheit! Später bekam Bill Gates an der University of Washington die Möglichkeit, ein Computerterminal nachts zwischen 2 und 6 Uhr für sich allein zu nutzen. Er machte intensiv davon Gebrauch.

Als Bill Gates mit 20 Jahren seine eigene Computerfirma gründete, hatte er bereits 13 Jahre lang programmiert. Wenige junge Männer auf der Welt verfügten über vergleichbar viel Erfahrung mit Computern. Malcolm Gladwell sagt, dass selbst außergewöhnlich talentierte und hoch begabte Menschen ein Umfeld brauchen, in dem sie ihr Talent einsetzen und intensiv üben können. Sonst wird es nichts mit dem Erfolg. Talent *plus* ideale Bedingungen *plus* extrem harte Arbeit machen den »Überflieger« aus. Im Jahr 1975 brach Bill Gates sein Studium ab, um sich ganz dem Aufbau von Microsoft zu widmen. Wie es weiterging, ist bekannt: DOS und später Windows beherrschten die neue Welt der Personal Computer nahezu vollständig. Bill Gates widmet sich heute hauptsächlich seiner wohltätigen Stiftung. Er hat angekündigt, bis zu seinem Tod 90 bis 95 Prozent seines riesigen Vermögens von über 60 Milliarden US-Dollar zu spenden. Nur jeweils 0,02 Prozent soll jedes seiner Kinder erben.

Warum erzähle ich Ihnen hier die Geschichte von Bill Gates? Aus zwei Gründen: Erstens, weil sie zeigt, dass Ausnahmetalente nur innerhalb einer A-Kultur ihr Potenzial tatsächlich voll entfalten können. Und zweitens, weil dieser »Überflieger« Bill Gates einmal einen Satz gesagt hat, der einige von Ihnen vielleicht überraschen wird: »Wenn uns die 20 besten Mitarbeiter fehlen würden«, sagte er über Microsoft, »dann wären wir nur ein durchschnittliches Computerunternehmen wie viele andere auch.« Bill Gates behauptete also: 20 A-Mitarbeiter können den Unterschied zwischen Welterfolg und Mittelmaß ausmachen! Es gibt kaum ein besseres Beispiel, um die Bedeutung des ABC-Prinzips zu verstehen.

Wenn Sie wissen wollen, wie man der Chef-Falle entgeht, dann lassen Sie die gerade gelesenen Absätze noch einmal auf sich wirken. Da ist zunächst ein genialer Chef, der die besten Bedingungen gesucht und gefunden hat, seine eigenen Talente maximal zur Geltung zu bringen. Seine Leistungsbereitschaft und sein Einsatz sind absolut vorbildhaft. Er ist selbst der kundigste Experte in seinem Unternehmen. Ein solcher Chef zieht die besten Köpfe seiner Branche an. Versammeln sich 20 solcher Genies, dann kann die Welt erobert werden. Der Erfolg kennt kaum noch Grenzen. Und was macht solch ein A-Chef am Ende mit dem ganzen verdienten Geld? Er gibt es der Menschheit zurück!

Es ist wie ein Kreislauf: Je besser der Chef, desto besser die Mitarbeiter und desto größer wiederum die Möglichkeiten für den Chef, seinem überragenden Talent entsprechende Taten folgen zu lassen. Um eine solche Aufwärtsspirale geht es in diesem abschließenden Kapitel. Wenn Unternehmer, Führungskräfte und die übrigen Mitarbeiter gemeinsam ihren Beitrag zu einer konsequenten A-Kultur leisten, dann ist die Zukunft eines Unternehmens nicht länger in Gefahr. Das Schiff zu drehen bedeutet, die Dinge nicht nur anders zu denken, sondern sie radikal anders zu tun.

Auf der Suche nach den Besten

Immer wieder erlebe ich bei Beratungskunden Situationen wie diese: Eine Führungskraft wird für das Unternehmen dringend gesucht. Am Ende unseres strukturierten Einstellungsprozesses sind noch zwei Bewerber im Rennen. Wir sind uns einig: Der eine ist ein »B plus« und der andere ein »B minus«. Ich frage: »Wer soll den Job bekommen?« Und da höre ich dann: »Der ›B plus‹ natürlich. Er ist zwar nicht der absolut Beste. Aber er ist der Beste, den wir im Moment kriegen können.« Richtige Entscheidung? Nein, leider total falsche Entscheidung. Denn das Schiff zu drehen heißt: Wir können uns absolut keine neuen B im Team mehr leisten. Entweder wir finden einen A oder wir nehmen niemanden. Wir wollen nämlich keine neue Baustelle eröffnen. Diese würde uns am Ende mehr Produktivität kosten, als ein B bringen kann. Und wenn die Situation nun einmal so aussieht, dass wir gerade nur B haben können? Dann fangen wir mit der Suche eben wieder von vorne an. Chefs, die den Mut zu solchen Entscheidungen haben, sind aus der Chef-Falle praktisch schon raus.

In diesem Buch haben Sie mit dem neunstufigen Einstellungsprozess ein System kennengelernt, das den Erfolg geradezu erzwingt. Der einzige Nachteil: Ein strukturierter Einstellungsprozess kostet viel Zeit. Meine herzliche Bitte an alle Chefs, die Mitarbeiter und Führungskräfte einstellen, lautet deshalb: Nehmen Sie sich diese Zeit. Wenn es um Führungskräfte geht, dann noch mehr als sonst. Schon Jack Welch schrieb in seinem Buch *Winning*: »Gute Mitarbeiter zu finden ist schwer. Hervorragende Mitarbeiter zu finden ist eine Kunst.« Und ich möchte ergänzen: Hervorragende Führungskräfte zu finden ist die höchste Kunst! Jede Kunst braucht Zeit, um sie zu erlernen. Doch es führt in diesem Fall kein Weg daran vorbei. »Keine Strategie und keine Technologie der Welt« kann »die richtige Mannschaft« ersetzen, schrieb Jack Welch. Denn: »Nur mit Topleuten läuft der Laden.«

Ein Vorbild in Deutschland für das Recruiting von Topleuten ist für mich mein Unternehmerfreund Jürgen Schmid. Der ein Jahr nach Bill Gates geborene Industriedesigner gründete 1983 in Ulm die Firma Design Tech. Das heute in Ammerbuch im Landkeis Tübingen ansässige Unternehmen hat sich ganz auf Design für den Maschinenbau spezialisiert und ist damit weltweit einzigartig. Jürgen Schmid hat mit seiner Firma bisher über 100 internationale Designpreise gewonnen, darunter den begehrten »red dot Award« in der Kategorie »Best of the Best«. Das ist das Ergebnis einer konsequenten A-Kultur im Unternehmen. Diese zeigt sich in vielen Details. Darunter ist auch ein originelles Verfahren für Einstellungsgespräche, das mit grünen und roten Punkten funktioniert.

Bei einem Interview sind neben dem Chef immer die wichtigsten Mitarbeiter im Raum. Trotz prallvoller Auftragsbücher nimmt man sich bei Design Tech viel Zeit für jedes einzelne Gespräch. Am Ende der Bewerberrunde vergeben der Chef und seine Mitarbeiter dann die grünen und roten Punkte. Jeder der Interviewer kann maximal drei grüne Punkte an Bewerber vergeben, von denen er denkt, dass sie für den Job infrage kommen. Wer jedoch einen Bewerber für überhaupt nicht geeignet hält, kann ihm einen roten Punkt geben. Der Bewerber mit den meisten grünen Punkten erhält am Ende den Job. Aber Achtung: Sollte einer der Bewerber auch nur einen einzigen roten Punkt bekommen haben, kassiert er automatisch eine Absage.

Kürzlich kam es nun zu folgender Situation: Alle haben einem Bewerber grüne Punkte gegeben, inklusive Jürgen Schmid. Das heißt, fast alle: Ein einziger Mitarbeiter hat dem Bewerber einen roten Punkt gegeben. Nun war der Chef von diesem Bewerber so begeistert, dass er an der Stelle eine Ausnahme machen und dem Bewerber eine Chance geben wollte. Das eigene System wurde ausgehebelt und der Bewerber eingestellt. Was soll ich Ihnen sagen? Es kam, wie es kommen musste: Nach ein paar Monaten hat man sich wieder getrennt. Der eine rote Punkt war eben doch berechtigt! Dieses Beispiel zeigt, wie wichtig es für A-Chefs ist, ihre A-Mitarbeiter bei Einstellungen mit an den Tisch zu holen und auf ihren Rat zu hören.

An dieser Stelle fragen Sie sich als Chef eines mittelständischen Unternehmens vielleicht: Müssen wir das denn alles selbst machen? Darauf gibt es keine eindeutige Antwort. Bisher sind wir in diesem Buch einfach davon ausgegangen, dass Einstellungen Chefsache sind. In einigen Unternehmen gibt es dann noch einen Personaler, der das mit dem Chef gemeinsam erledigt. Genau genommen sind jedoch folgende drei Fälle zu unterscheiden:

Fall 1: Sie stellen ein bis zwei Mitarbeiter pro Jahr ein

In diesem Fall lautet meine klare Empfehlung: Gehen Sie zu einem Personalberater. Ich weiß, dass einige Kleinunternehmer schon bei dem Wort »Personalberater« das Gesicht verziehen. Tatsache ist jedoch: Die Personalsuche wird für Laien auf dem Gebiet des Recruiting immer schwieriger. Das liegt vor allem an der zunehmenden »Unsichtbarkeit« geeigneter Kandidaten. Wolfgang Brickwedde, Chef des Institute for Competitive Recruiting, kurz ICR, vergleicht den Personalmarkt mit einem Eisberg, von dem nur etwa 10 bis 20 Prozent oberhalb der Wasserfläche sichtbar sind. Diese 10 bis 20 Prozent bestehen aus Personen, die explizit einen neuen Job suchen, darunter etliche Arbeitslose. Diese Kandidaten bewerben sich eventuell aktiv bei Ihnen. Doch der aktive Bewerbermarkt ist so gut wie abgeschöpft.

80 bis 90 Prozent der infrage kommenden Personen, darunter heute oft die heißesten Kandidaten, sind sogenannte »latent suchende« Bewerber: Diese haben zwar einen Job, sind aber darin unglücklich und wünschen sich eine neue Herausforderung. Als Kleinunternehmer kommen Sie an diese Leute praktisch nicht heran. Personalberater erschließen für Sie auch diesen Teil des Markts. Sie verfügen zum Beispiel über professionelle Tools, um in den Karrierenetzwerken Xing und LinkedIn die Wechselwilligen herauszufischen. Und sie wissen auch, wie man diese Personen rechtlich sauber anspricht. Keine Frage, solche Dienste haben ihren Preis. Ein

Personalberater nimmt zwischen 20 und 35 Prozent eines Jahresgehalts. Ja, das ist viel Geld. Aber das Ergebnis ist es wert.

Fall 2: Sie stellen mehr als drei und weniger als 30 Mitarbeiter pro Jahr ein

Jetzt machen Sie das Recruiting selbst. Dazu benötigen Sie Know-how und klar definierte Prozesse. Ich empfehle Ihnen den in diesem Buch vorgestellten neunstufigen Einstellungsprozess. In dem Buch *Die besten Mitarbeiter finden und halten*, das ich gemeinsam mit Jürgen Kurz geschrieben habe, ist dieser Prozess detailliert beschrieben. Das Buch ist 2013 beim Campus Verlag in einer dritten, aktualisierten und erweiterten Auflage erschienen. Bereits auf der allerersten Seite finden Sie die neun Stufen im Überblick. Für die Umsetzung bieten wir Ihnen bei tempus die sogenannte Personal-Toolbox mit allen aktuellen Materialien.

Doch egal, ob Sie jetzt auf unser Angebot setzen oder nicht: In jedem Fall müssen Sie sich intensiv mit Bewerbungsverfahren, Interviews und Referenzen beschäftigen. Sie brauchen einen standardisierten Einstellungsprozess. Und die Fähigkeit, den »latenten« Bewerbermarkt zu erschließen, müssen Sie sich im Unternehmen nun selbst aneignen. Dazu sollte mindestens einer Ihrer Mitarbeiter topfit im Bereich Social Media sein. Knüpfen Sie ständig Kontakte zu potenziellen Mitarbeitern und halten Sie den Kontakt, auch wenn Sie im Augenblick keine Stelle zu besetzen haben. Nutzen Sie bei Xing den »Talentmanager«. Diese Funktion kostet Ihr Unternehmen zwar rund 2000 Euro im Jahr. Doch damit kommen Sie gezielt an »latent suchende« Bewerber heran.

Fall 3: Sie stellen 30 oder mehr Mitarbeiter pro Jahr ein

In diesem Fall ist mindestens einer Ihrer Mitarbeiter ein Recruiter. Diese Person beschäftigt sich mit nichts anderem, als eben neue A-Mitarbeiter ausfindig zu machen und ins Unternehmen zu holen. Erfahrungsgemäß schafft ein Recruiter 20 bis 30 Führungskräfte pro Jahr, alternativ 50 bis 80 Fachkräfte. Wenn Sie jetzt noch zweifeln und sich fragen: Ist Recruiting wirklich so wichtig, dass man eigene Mitarbeiter dafür braucht?, dann ist meine Antwort ein klares Ja. Mein Lieblingssatz an dieser Stelle lautet: Ein Gramm Recruiting ist wichtiger als ein Kilo Weiterbildung. Soll heißen: Wenn das Recruiting versagt, löst Weiterbildung das Problem auch nicht mehr. Deshalb brauchen größere Unternehmen zwingend eigene Recruiter.

Die zunehmende Bedeutung des Recruitings bestätigt auch die Studie »Recruiting im Jahr 2020«, die in der Zeitschrift *Harvard Business Manager* veröffentlich wurde. Sie zeigt »einen starken Trend zur Professionalisierung in Human-Resources-Abteilungen«. Das Fazit des Autorenteams: »Die Personalauswahl der Zukunft wird geprägt sein durch eine Zunahme von strukturierten Interviews, Persönlichkeitstests und der Frage nach den persönlichen Präferenzen der Bewerber.« Eine »professionellere … Organisation der internen Abläufe« wird sich der Studie zufolge in den nächsten 15 Jahren zum Standard entwickeln.

Wenn Sie sich jetzt fragen, wo Sie gute Recruiter herbekommen sollen, gebe ich Ihnen als Denkanstoß noch diesen Spruch mit auf den Weg: »Deutsche Personaler stellen die Frage: Hat er das schon mal gemacht? Amerikanische Personaler stellen die Frage: Kann er es machen?«

Zwei Arten von Chefs, zwei Wege aus der Falle

Das meiste, was ich in diesem Buch über die »Chef-Falle« geschrieben habe, gilt für Unternehmer und angestellte Führungskräfte gleichermaßen. Am Schluss müssen wir jedoch noch einmal genauer hinschauen. Angestellte Führungskräfte lassen sich im Prinzip jederzeit austauschen. Für Unternehmer, die gleichzeitig der Chef ihrer Firma sind, gilt das nur bedingt. Zwar gibt es gerade bei Familienbetrieben zahlreiche Unternehmer, die einen besser geeigneten angestellten Geschäftsführer an Bord geholt haben, diesem das operative Geschäft weitgehend überlassen und bei Managemententscheidungen nur selten eingreifen. Aber mindestens genauso häufig ist der Fall, dass die Gründer oder Erben mit Leib und Seele Unternehmer sind und deshalb auch Chef sein wollen. Sie sind gewissermaßen dazu verurteilt, A-Chefs zu sein. Oder es zu werden.

Bleiben wir zunächst einmal bei den angestellten Führungskräften. Der oder die Eigentümer der Firma sind hier am Zug, wenn es darum geht, die richtigen Manager einzustellen. Unternehmer sind persönlich verantwortlich für ein Recruiting, das nur noch A als neue Führungskräfte akzeptiert. Sie müssen bereit sein, auch einmal ein Machtwort zu sprechen und lieber niemanden einzustellen als einen B. Sie sollten auch den Mut haben, gegenüber C-Führungskräften Härte zu zeigen und diese zu entlassen. Was für einfache Mitarbeiter gilt, muss auch für Manager gelten. Wer dem Unternehmen mehr schadet als nützt, der sollte gehen. Allen anderen schuldet der Unternehmer jedoch keine Härte, sondern Aufmerksamkeit und Anerkennung. Gerade in inhabergeführten Unternehmen ist es wichtig, dass sich möglichst alle vom Chef »gesehen« fühlen.

Onboarding – der unterschätzte Erfolgsfaktor

Wann, glauben Sie, ist der beste Zeitpunkt für einen Chef, einem Mitarbeiter einen Blumenstrauß zu überreichen? Zum Geburtstag? Bei der Beförderung? Oder gar wenn er die Firma verlässt? Nichts von alledem trifft zu. Den mit Abstand wichtigsten Blumenstrauß erhält ein Mitarbeiter vom Chef, wenn er sich für das Unternehmen als Arbeitgeber entschieden hat. Der Tag, an dem jemand den unterschriebenen Arbeitsvertrag zurückgeschickt hat, darf keineswegs übergangen werden. Als Chef müssen Sie sich klarmachen, wie lange ein Bewerber über diese Entscheidung nachgedacht und mit wie vielen Leuten er darüber gesprochen hat. Wenn er sich jetzt endlich entschieden hat, dann ist nichts befreiender als ein schöner Blumenstrauß, der signalisiert: Ja, der Entschluss war richtig. Ich bin dort herzlich willkommen. Mein künftiger Chef sieht mich und freut sich auf mich!

Genauso wichtig ist dann der erste Arbeitstag. Aus vielen Beobachtungen und Gesprächen kann ich Ihnen sagen: Jeder »Neue« achtet ganz genau darauf, wie er empfangen wird. Fühlt er sich willkommen? Ist der erste Tag durchstrukturiert oder chaotisch? Hat der neue Mitarbeiter den Eindruck, gebraucht zu werden, oder kommt er sich überflüssig vor? Das alles wird die zukünftige Zusammenarbeit entscheidend prägen. Die Gestaltung der ersten 100 Tage im Unternehmen wird in der Fachsprache der Personaler als »Onboarding« bezeichnet. Was findet jemand vor, der »an Bord« kommt? Noch ist Onboarding ein vielfach unterschätzter Erfolgsfaktor. Es ist die Aufgabe von Chefs, die ersten 100 Tage positiv zu gestalten.

A-Chefs legen auf das Onboarding ihrer neuen Fach- und Führungskräfte allergrößten Wert. Sie wissen: »Onboarding« bedeutet nicht dasselbe wie »Probezeit«. In der Probezeit geht es darum, bestimmte Meilensteine zu erreichen, auf die das Unternehmen und der neue Mitarbeiter sich verständigt haben. Beim Onboarding ist es das Ziel, dass der neue Mitarbeiter sich von der ersten Minute an wertgeschätzt und willkommen fühlt. Er soll den Sinn seiner neuen Aufgabe begreifen und möglichst schnell Teil einer eingespielten Mannschaft werden. Verschiedene Untersuchungen haben gezeigt: Bei etwa 60 bis 70 Prozent aller Kündigungen fällt die Entscheidung, wieder zu gehen, in den ersten sechs Monaten.

Noch aufschlussreicher ist diese Zahl: Von den Mitarbeitern, die bereits während der Probezeit kündigen, fassen 80 Prozent den Entschluss schon am ersten Tag! Hier sind die Chefs gefordert, sich persönlich dafür einzusetzen, dass der erste Arbeitstag jedes neuen A-Mitarbeiters ein voller Erfolg wird. Denn die Statistik ist ernüchternd: Von den bundesweit vier Millionen neu eingestellten Mitarbeitern pro Jahr scheiden knapp 40 Prozent innerhalb des ersten Jahres wieder aus. Ein ähnlicher Prozentsatz sieht sich Untersuchungen zufolge zumindest in seinen Erwartungen enttäuscht. Das bedeutet im Umkehrschluss: Nur bei rund 20 Prozent verläuft der Neueinstieg in eine Firma wirklich positiv. Deshalb kommt dem Onboarding in Anbetracht des Mangels an geeigneten Mitarbeitern eine so extrem wichtige Bedeutung zu.

Für Sie als Chef bedeutet Onboarding exzellente Vorbereitung. Keinesfalls dürfen Sie von dem neuen Mitarbeiter an seinem ersten Tag überrascht werden. »Wer sind *Sie* denn?«, fragen die C-Chefs dieser Welt, wenn sie einem Neuen auf dem Flur begegnen. Und B-Chefs plappern so etwas wie: »Hallo, willkommen! Sie sind ja unser neuer Mann hier. Schön. Hoffe, Sie fühlen sich wohl an Bord. Ich würde mich gerne länger mit Ihnen unterhalten, aber ich muss jetzt leider dringend weg.« Der A-Chef dagegen hat den ersten Arbeitstag des Neuen minutiös geplant. Das gilt insbesondere, wenn der Neue selbst eine Führungskraft ist. Hier wird der Chef erst recht alles daransetzen, dass das neue Teammitglied möglichst schnell zu einem leistungsfähigen Kollegen wird. Da setzt ein professioneller Onboarding-prozess an. *Eine Checkliste für den Onboardingprozess finden Sie kosten-los unter www.die-chef-falle.de.*

Der oberste Chef ist nicht der Unternehmer – es sind die Ziele

Kommen wir nun zu den Unternehmern, die gleichzeitig im operativen Geschäft die Chefs sind. Im Gegensatz zu den übrigen Führungskräften haben diese nie Recruiting- und Onboardingprozesse durchlaufen. Typischerweise sind sie die Gründer oder die Erben des Unternehmens. Sie waren einfach als Erste da. Oder sie haben irgendwann die Nachfolge des Seniorchefs angetreten. Es gibt praktisch keine unternehmensinterne Instanz, die ihre Leistung kontrolliert. Es gibt auch niemanden, der sie entlassen könnte. Für diese Unternehmer sieht der Weg aus der Chef-Falle so aus: Sie schaffen freiwillig eine Ebene, der sie sich unterordnen. Und das sind die mit den anderen Führungskräften und den Mitarbeitern gemeinsam vereinbarten Ziele!

Erinnern Sie sich an die Geschichte der Firma Morning Star in Kalifornien, die ohne Chefs auskommt? Die »Chefs« sind hier die Ziele. Und das ist es, was ich jedem Unternehmer zur Nachahmung empfehle: Machen Sie die Unternehmensziele zum eigentlichen Chef! Wenn es etwas gibt, das mir am Ende dieses Buchs ein wirkliches Herzensanliegen ist, dann ist es das Thema Ziele. Und glauben Sie mir, ich habe meine Gründe, auf dieses Thema ein weiteres Mal zurückzukommen. Typischerweise kommen wir Berater Ende Dezember/Anfang Januar in ein Unternehmen und alles dreht sich um die Frage: »Wie lauten unsere Ziele für das kommende Jahr?« Schätzungsweise 20 Prozent aller Mittelständler legen ihre Ziele zum Jahreswechsel schriftlich fest. Da lesen wir dann Sätze wie zum Beispiel die folgenden:

- Wir wollen unseren Umsatz deutlich erhöhen.
- Wir wollen mehr neue Kunden gewinnen.
- Wir brauchen eine bessere Rendite.

Was denken Sie, wenn Sie diese Aussagen sehen? Bei welchem der genannten Vorhaben handelt es sich um ein Ziel? Und was ist lediglich ein

Wunsch? Ob Sie es mir nun glauben oder nicht: Etwa 50 Prozent unserer Beratungskunden halten alle drei für gute Ziele. Die anderen rund 50 Prozent sagen: Na ja, irgendetwas fehlt da noch. Nun, bei Licht besehen sind alle drei Vorhaben lediglich gut gemeinte Wünsche. Sie sind weder messbar noch machbar. Mit solchen Wünschen kriegen Sie als Unternehmer das Schiff nicht gedreht. Sie brauchen stattdessen glasklare Ziele.

Ich meine also hier nicht, irgendwelche Wünsche zum obersten Chef zu machen, sondern *messbare* und *machbare Ziele*. Will heißen: Wer macht was, wie und bis wann? Darauf müssen Sie Antworten haben. Außerdem darf das Ziel weder zu anspruchslos noch zu ehrgeizig sein. Das bedeutet Machbarkeit. Bei unermüdlichen, aber realistischen Anstrengungen muss es möglich sein, binnen Jahresfrist exakt diese Hürde zu nehmen. »Mehr Umsatz« hieße also: Welcher Umsatz ist realistisch? Müssen wir uns da an den Vorjahren orientieren oder gibt es neue Gegebenheiten? »Mehr neue Kunden« heißt: Wie viele Kunden? Welche? Mit welchen Maßnahmen? Und »bessere Rendite« bedeutet: Wie hoch soll die Rendite sein? Was ist realistisch? Welche Berater müssen wir da eventuell einbinden? Erst Antworten auf solche Fragen führen zu echten Zielen.

Mit dem Aufschreiben der Ziele ist es aber noch lange nicht getan. Ziele müssen regelmäßig überprüft und vor allem für jeden Mitarbeiter einsehbar gemacht werden. Um das Ganze noch transparenter zu machen, sollten die Ziele visualisiert und möglichst jeden Monat aktualisiert werden. Ich empfehle da, mit Farben zu arbeiten: Grün bedeutet »Ziel erreicht«. Gelb zeigt »Abweichung bis 5 Prozent«. Und Rot heißt »Ziel deutlich verfehlt«. Klar ist außerdem, dass Sie jetzt mit Abweichungen richtig umgehen müssen. Und Sie brauchen nicht nur Unternehmensziele, sondern auch daraus abgeleitete Ziele für jeden einzelnen Mitarbeiter. Wenn Sie diese Ziele klar definieren und im Blick behalten, dann fällt es Ihnen leicht, zu erkennen, wo jeder Ihrer Mitarbeiter gerade steht. Letztlich geht es darum, das gesamte Unternehmen mit Zielen zu überziehen. So hat es auch Morning Star in Kalifornien gemacht. Bis zu dem Punkt, an dem die Mitarbeiter sich gegenseitig bei der Einhaltung ihrer Ziele kontrollieren und eine Überwachung durch Chefs überflüssig ist.

Ziele zu formulieren ist eine anstrengende Aufgabe. Es geht ja nicht darum, irgendein interessantes Vorhaben zu beschreiben. Sondern es gilt, ganz exakt den Punkt zu definieren, der den Unternehmenserfolg vorantreibt. A-Chefs lieben so etwas. Ziele sind ihre Welt. A-Chefs lassen sich dementsprechend auch viel Zeit für die Ziele ihrer Mitarbeiter. Für so etwas sind sie schließlich in erster Linie da. B-Chefs dagegen finden nie so richtig Zeit für Ziele und machen Zielarbeit gerne in letzter Minute. Bei Mitarbeitergesprächen schauen sie ständig auf die Uhr und müssen immer irgendwie dringend weg. Und C-Chefs? Verschwenden entweder ihre Zeit mit Mikromanagement oder fahren direkt zum Golfplatz. Ziele sind hier Fehlanzeige.

Wenn Sie einen echten Zieleprozess einführen wollen, dann wird das in der Regel einige Jahre in Anspruch nehmen. Der typische mittelständische Betrieb braucht nach meiner Erfahrung so etwa drei Jahre, bis Ziele über alle Hierarchieebenen hinweg vereinbart wurden. Sie gehen dabei am besten »von oben nach unten« vor und konzentrieren sich zunächst auf die Ziele für die obere Führungsebene. Am Schluss stehen die Ziele für alle Mitarbeiter, bis hin zu den Auszubildenden. Hat das Schiff wirklich gedreht, dann heißt das: Nicht allein die Chefs arbeiten mit Zielen, sondern sämtliche Mitarbeiter, bis hin zum Pförtner und zur Reinigungskraft. Dadurch gewinnt das Unternehmen eine enorme Dynamik.

Bereits im ersten Jahr des Zieleprozesses verdient das Unternehmen typischerweise 5 Prozent mehr Geld. Das ist unser Erfahrungswert aus der Beratung. Wichtig ist jedoch, dass nie der Chef einfach Ziele vorgibt, sondern jeder Mitarbeiter seine Ziele zunächst selbst vorschlägt. Da zeigt sich, was jeder Einzelne sich zutraut. Anschließend gilt es, einen Konsens zu finden. Der Unternehmer sollte seine persönlichen Ziele mit den Topmanagern besprechen und sich von ihnen Feedback holen. Erfahrene Chefs bremsen überehrgeizige Mitarbeiter genauso, wie sie zögerliche anspornen. Es geht also nicht um Zielvorgabe, sondern um Zielvereinbarung! Am 1. Januar eines Jahres wird gestartet. Die Mitarbeiter und Führungskräfte – bis hin zum Unternehmer – verbringen ab sofort ihre Zeit nicht mehr mit irgendwelchen Tätigkeiten, sondern sie arbeiten auf die vereinbarten Ziele hin.

Wenn der Zieleprozess halbwegs rund läuft und jeder verstanden hat, wie die Schritte funktionieren, kann in drei bis fünf Jahren an die Zielerreichung auch Geld geknüpft werden. Dann ist der Prozess wirklich scharf gestellt. Jetzt kann man sich auf die Zahlen verlassen. Aber Achtung: Verbinden Sie das Erreichen von Zielen keinesfalls zu früh mit Geld. Das ist ein absoluter Killer für das Betriebsklima! Erst muss der Prozess auch ohne Geldzahlungen eingespielt sein. Hier bei unserer tempus GmbH entsteht jedes Jahr ein Zielebuch. Jeder Mitarbeiter hat ein Übersichtsblatt, auf dem seine Ziele aufgeschrieben sind. *Eine Vorlage dazu finden Sie unter www.die-chef-falle.de.* Auf den weiteren Seiten gibt es zu jedem Ziel ganz konkrete Maßnahmen, mit dem der Mitarbeiter das Ziel erreichen möchte. Der ganz große Vorteil des Zielebuchs: Alle Mitarbeiter kennen sowohl die Unternehmensziele als auch ihre eigenen Ziele als auch die Ziele ihrer Kollegen.

Auf den Spuren der Gewinner

Jack Welch galt zu seiner Zeit bei General Electric als »der beste Manager der Welt«. Im Rückblick auf seine Leistung hat er einmal gesagt: »Mein Job war es, Talente zu entwickeln. Ich war der Gärtner, der Wasser und andere Nahrung für unsere besten 750 Leute bereitstellte. Natürlich musste ich auch etwas Unkraut rupfen.« Besser lässt sich bis heute kaum auf den Punkt bringen, wie man die Chef-Falle umgeht. Ein A-Chef sorgt unermüdlich für die Bedingungen, die A-Mitarbeiter vorfinden müssen, um ihre Talente voll zu entfalten. Wie ein Gärtner wässert und düngt er ständig im Unternehmen. Aber er weiß auch: Das Gras wächst nicht schneller, wenn man dran zieht! Er arbeitet nicht mit Druck und Zwang, sondern lässt wachsen. Gleichzeitig besitzt er Mut zur Härte und trennt sich von Mitarbeitern, die nicht mehr wachsen wollen oder sich auf ihrer Position als Fehlbesetzung entpuppt haben.

Und ja, es gibt sie, die Unternehmen mit A-Chefs und einer echten A-Kultur! Da ist zum Beispiel die amerikanische Schnellrestaurantkette Chick-fil-A mit Hauptsitz in College Park im Bundesstaat Georgia. An ihren rund 1700 Standorten macht diese Kette mit Hühnerfleischprodukten mehr als 4,6 Milliarden US-Dollar Jahresumsatz. Dabei ist Chick-fil-A nach wie vor ein Familienbetrieb. Truett Cathy eröffnete 1946 sein erstes Schnellrestaurant und ist bis heute der Chef. Ich habe die Zentrale schon mehrfach gemeinsam mit anderen Unternehmern besucht und war jedes Mal beeindruckt von der freundlichen Atmosphäre und der spürbaren Leistungskultur. Mein Eindruck hat mich nicht getäuscht, denn

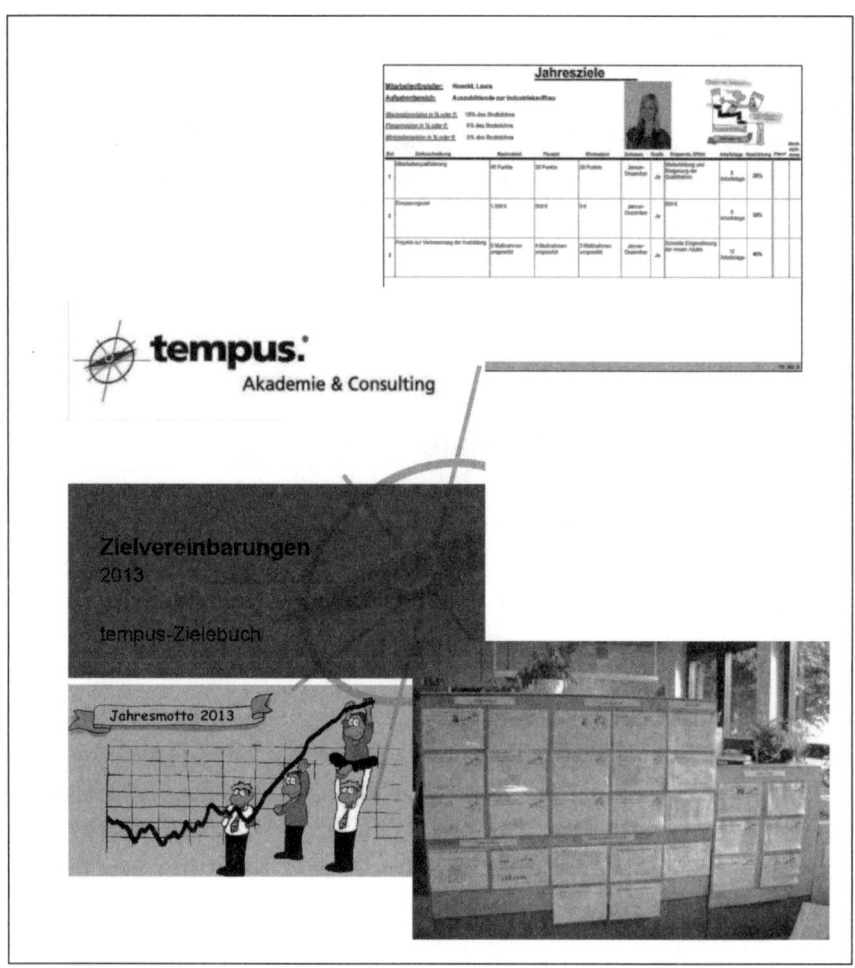

Abbildung 15: Zielvereinbarungsprozess und Zielebuch bei tempus

Gallup selbst hat diese Firma untersucht. Das Ergebnis: Chick-fil-A hat 93 Prozent A-Mitarbeiter, 7 Prozent B-Mitarbeiter und 0 Prozent C-Mitarbeiter. In Kapitel 11 haben Sie gelesen: »Das 80–20–0-Unternehmen ist keine Utopie.« Chick-fil-A ist ein 93–7–0-Unternehmen!

Das Hotel Schindlerhof in Nürnberg hat ebenfalls eine A-Kultur. Teil davon ist ein ganz eigener 13-stufiger Einstellungsfilter, der mit großer Konsequenz angewandt wird. Bewerbungsgespräche können durchaus auch mal mitten in der Nacht stattfinden. Nicht aus Schikane, sondern weil in der Hotellerie auch nachts gearbeitet wird. Beim Betriebsrundgang werden die Bewerber an die »abschreckenden« Orte des Unternehmens geführt, zum Beispiel an Küchenabfällen vorbei, durch die Hitze der Spülküche oder die dunklen Gänge des historischen, denkmalgeschützten Gebäudeteils. Das von Klaus und Renate Kobjoll gegründete und inzwischen von ihrer Tochter Nicole geführte Hotel ist wohl das einzige Kleinunternehmen, das bereits drei Mal mit dem Ludwig-Erhard-Preis, der auch als deutscher »Wirtschaftsoscar« bekannt ist, ausgezeichnet wurde. Ausgezeichnet sind ebenfalls die Feedbacks der Gäste. Auch ich kann bestätigen, dass man sich in diesem Tagungshotel als Gast rundum wohlfühlt.

Hier noch ein Beispiel für einen Konzern, der konsequent eine A-Kultur anstrebt: Der Konsumgüterhersteller Unilever mit Firmensitz in Rotterdam und London hat erst 2009 seine Deutschlandzentrale in der Hamburger Hafencity eröffnet. Sie gilt als innovativer Bürobau nach Grundsätzen einer nachhaltigen Architektur und ist über sechs Ebenen um ein spektakuläres glasüberdachtes Atrium errichtet. Mit bekannten Marken wie Knorr, Rama, Lätta, Axe, Langnese oder Coral macht Unilever über 50 Milliarden Euro Jahresumsatz. Das ABC-Prinzip ist hier in Form eines Farbsystems umgesetzt, das wie folgt aussieht: Grün bekommen Mitarbeiter mit überragenden Leistungen. Sie haben typischerweise eigene Projekte übernommen. Das sind aktuell rund 5 Prozent. Weiß sind Mitarbeiter mit Topleistungen, die alle ihre Ziele erreicht und teilweise übertroffen haben. Das sind 65 Prozent. 20 Prozent der Mitarbeiter sind gelb, das heißt, sie haben nicht alle Ziele erreicht. Ihr Ziel ist es jetzt, ins weiße Feld zu kommen. Schließlich bleiben 10 Prozent im roten Bereich als sogenannte »Redboxer«. Für diese Mitarbeiter wird Job Rotation angestrebt, um sie passender einzusetzen. Hilft auch das nicht, erfolgt die Trennung.

Übrigens hat Unilever den Deutschen Nachhaltigkeitspreis 2012 für die »nachhaltigste Zukunftsstrategie« eines Konzerns gewonnen. Der Preis wird jährlich von einer Stiftung verliehen und würdigt die Arbeit von Unternehmen, die wirtschaftlichen Erfolg mit sozialer Verantwortung und Schonung der Umwelt verbinden. Unilever überzeugte die Jury laut Pressemitteilung vor allem mit seinen hochgesteckten Zielen: Das Unternehmen will in den nächsten Jahren die eigene Größe verdoppeln, dabei die Auswirkungen auf die Umwelt halbieren und das Leben von einer Milliarde Menschen verbessern. Insgesamt umfasst das Nachhaltigkeitsprogramm knapp 60 spezifische Zielvorgaben und macht Nachhaltigkeit zum festen Bestandteil der

Geschäftsstrategie. Alle 171 000 Mitarbeiter von Unilever sind weltweit in das Programm eingebunden. Ausdrücklich würdigt die Jury auch den offenen und konstruktiven Umgang des Unternehmens mit kritischen Stimmen.

Das Schiff drehen – so geht's

Für alle, die möglichst schnell den Weg aus der Chef-Falle suchen, sind hier noch einmal einige der wichtigsten Themen im Überblick.

– Risiko Personalchef

Etliche Personaler machen leider schlechte Arbeit und haben deswegen auch keinen besonders guten Ruf. Gerade im Bereich Personal dürfen Sie keine Kompromisse machen. Sie brauchen an dieser Stelle eine starke Führungspersönlichkeit.

– Führungskräftebeurteilungsbogen

In Kapitel 5 habe ich erläutert, wie Sie Führungskräfte »von unten nach oben« beurteilen. Führungskräfte, die nur auf der Hälfte der Zylinder laufen, sind ihr Gehalt nicht wert.

– C-Führungskräfte entlassen

Hart, aber gerecht: In Kapitel 11 haben Sie gelesen, wie Sie sich fair von einer Führungskraft trennen können, die dem Unternehmen mehr schadet als nützt.

– Ziele sind der oberste Chef

Es kommt erstens immer anders und zweitens als man denkt. Soll heißen: Es ist zwar nicht alles vorhersehbar, trotzdem braucht es messbare und machbare Ziele. Mein Satz dazu: Mit Zielen zu arbeiten bedeutet das Managen von Abweichungen.

– Nur noch A-Mitarbeiter und A-Führungskräfte einstellen

Ein mehrstufiger Einstellungsprozess hilft Ihnen, den richtigen Mitarbeiter oder Manager für die Anforderungen am jeweiligen Platz einzustellen. Für die ersten sechs Monate braucht es Meilensteine. Dazu ein professionelles Onboarding.

– Chefs permanent weiterentwickeln

Meine Kollegen und ich fordern nicht zum »Heuern und Feuern« auf. Doch wir wollen uns selbst und andere konsequent weiterentwickeln. Möglicherweise sind wir selbst noch nicht überall »A«. Wir sind aber auf dem Weg dorthin und behalten das Ziel immer im Blick. Auch ein Unternehmer, der von niemandem entlassen werden kann, muss sich selbst permanent weiterentwickeln. Er darf nie stehen bleiben.

Ein abschließender Gedanke: Was passiert, wenn eine Fußballmannschaft so viele Spiele hintereinander verliert, dass sie auf einen der Abstiegsplätze rutscht? Klarer Fall: Es wird ein Verantwortlicher gesucht. Und das ist dann nicht der Torwart und nicht der Stürmer. Es ist auch kein Abwehrspieler und erst recht niemand, der die halbe Saison auf der Ersatzbank gesessen hat. Nein, es ist der Trainer. Über den Teamchef fällt die Presse her. Und auch die Fans kennen kein Erbarmen. Ganz einfach: Der Trainer muss weg! Irgendjemand muss die Verantwortung übernehmen. Und das ist der Chef.

Wenn wir den Sportdirektor mal außen vor lassen, der in einigen Vereinen auch eine große Rolle spielt, dann ist es der Trainer, der die Mannschaft zusammengestellt hat. Er hat die Spieler trainiert und die Taktik gemacht. Er hat bei Pressekonferenzen alles erklärt. Und so bitter es ist: Wer hier versagt, muss seine Koffer packen. Möglicherweise kostet ein Trainerwechsel den Verein einen sechsstelligen Eurobetrag. Und trotzdem ist jedem klar: Es führt kein Weg daran vorbei. Entscheidungen zu treffen kann schlimm sein. Aber keine Entscheidung zu treffen ist meistens noch viel schlimmer!

Profivereine im Fußball sind heute professionell gemanagte Unternehmen. Und doch ist es komisch: Was für Fans und Medien im »Unternehmen Fußball« sonnenklar ist, das wird für andere Unternehmen immer wieder infrage gestellt. Hier soll dann plötzlich nicht allein die Leistung zählen. Und hier sollen unfähige Chefs trotzdem bleiben dürfen. Einfach aus Gewohnheit oder weil man denkt: Einmal Chef, immer Chef. Ich sagen Ihnen aus eigener Lebenserfahrung: Chef zu sein ist eine wunderschöne Sache. Es ist ein Geschenk, mit Menschen unterwegs zu sein und ihnen eine sinnvolle Arbeit zu geben. Aber ich möchte als Chef an meiner Leistung gemessen werden – wie alle anderen Mitarbeiter auch. Meinen Lesern, die selbst Chefs sind, wünsche ich, dass sie die Freude an ihrer Rolle niemals verlieren. Und dass sie es schaffen, konsequent zu sein – auch und gerade sich selbst gegenüber.

Literatur

1. Bücher

Hinweis: Sofern ein englischsprachiges Buch in deutscher Übersetzung vorliegt, ist allein die deutschsprachige Ausgabe mit deren Erscheinungsjahr aufgeführt.

Bauer, Joachim: *Prinzip Menschlichkeit. Warum wir von Natur aus kooperieren.* Heyne, 2008

Belbin, Meredith: *Management Teams. Why they succeed or fail.* 3. Aufl. Elsevier, 2010

Blanchard, Kenneth und Patricia Zigarmi, Drea Zigarmi: *Der Minuten-Manager: Führungsstile.* 6. Auflage, Rowohlt, 2009

Branham, Leigh: *The 7 Hidden Reasons Employees Leave. How to Recognize the Subtle Signs and Act Before It's Too Late.* McGraw-Hill, 2012

Charan, Ram und Stephen Drotter, James Noel: *The Leadership Pipeline. How to Build the Leadership-Powered Company.* John Wiley & Sons, 2011

Christensen, Clayton: *The Innovators Dilemma. Warum etablierte Unternehmen den Wettbewerb um bahnbrechende Innovationen verlieren.* Vahlen, 2011

Collins, Jim: *Der Weg zu den Besten. Die sieben Management-Prinzipien für dauerhaften Unternehmenserfolg.* Campus, 2011

Collins, Jim und Morten T. Hansen: *Oben bleiben. Immer.* Campus, 2012

Covey, Stephen M. und Rebecca R. Merrill: *Schnelligkeit durch Vertrauen: Die unterschätzte ökonomische Macht.* GABAL, 2009

de Hoop, Richard: *Macht Musik. So spielt Ihr Team zusammen, statt nur Lärm zu produzieren.* GABAL, 2012 (Hinweis: Erklärt das Modell von M. Belbin auf Deutsch)

Frey, Jürgen: *Mein Freund, der Kunde. Ohne Tricks und Fallen Kunden gewinnen und behalten.* GABAL, 2012

Gladwell, Malcolm: *Überflieger. Warum manche Menschen erfolgreich sind – und andere nicht.* Campus, 2009

Knoblauch, Jörg: *Die Personalfalle. Schlechtes Personalmanagement ruiniert Unternehmen.* Campus, 2010

Knoblauch, Jörg und Jürgen Kurz: *Die besten Mitarbeiter finden und halten. Die ABC-Strategie nutzen.* 3., aktualisierte und erweiterte Aufl., Campus, 2013

Knoblauch, Jörg und Jürgen Kurz, Jürgen Frey: *Die TEMP-Methode®. Das Konzept für Ihren unternehmerischen Erfolg.* Campus, 2009

Knoblauch, Jörg und Johannes M. Hüger, Marcus Mockler: *Dem Leben Richtung geben. In drei Schritten zu einer selbstbestimmten Zukunft. 5.* Auflage, Campus, 2007

Merath, Stefan: *Der Weg zum erfolgreichen Unternehmer. Wie Sie und Ihr Unternehmen neue Dynamik gewinnen.* GABAL, 2008

Peter, Laurence J. und Raymond Hull: *Das Peter-Prinzip oder Die Hierarchie der Unfähigen.* Rowohlt, 2001

Peters, Tom: *Der Wow!-Effekt. 200 Ideen für herausragende Erfolge.* Campus, 1995

Peters, Tom: *Jenseits der Hierarchien. Liberation Management.* Econ, 1993

Pilsl, Karl: *45plus. Die Faszination der zweiten Lebenshälfte.* Gute Nachricht Verlag, 2010

Pink, Daniel H.: *Drive. Was Sie wirklich motiviert.* Ecowin, 2010

Seiwert, Lothar und Friedbert Gay: *Das neue 1x1 der Persönlichkeit.* Gräfe und Unzer, 2004

Simon, Hermann: *Die heimlichen Gewinner – »Hidden Champions«. Die Erfolgsstrategien unbekannter Weltmarktführer.* Campus, 1998

Smart, Geoff und Randy Street: *Who. The A Method for Hiring.* Ballantine Books, 2008

Smart, Geoff: *Leadocracy. Hiring More Great Leaders (Like You) into Government.* Greenleaf Book Group Press, 2012

Sprenger, Reinhard K.: *Mythos Motivation. Wege aus einer Sackgasse.* 19. Auflage, Campus, 2010

Straub, Andreas: *Aldi – einfach billig. Ein ehemaliger Manager packt aus.* Rowohlt, 2012

Tulgan, Bruce: *It's Okay to Manage Your Boss. The Step-by-Step Program for Making the Best of Your Most Important Relationship.* John Wiley & Sons, 2010

Ulrich, David und Jon Younger, Wayne Brockbank, Mike Ulrich: *HR from the Outside In. Six Competencies for the Future of Human Resources.* McGraw-Hill, 2012

Wehrle, Martin: *Ich arbeite in einem Irrenhaus: Vom ganz normalen Büroalltag.* Econ, 2011

Wehrle, Martin: *Ich arbeite immer noch in einem Irrenhaus: Neue Geschichten aus dem Büroalltag.* Econ, 2012

Welch, Jack und Suzy Welch: *Winning. Das ist Management.* Campus, 2005

2. Artikel

Bittelmeyer, Andrea: »Vom Wert der Wertschätzung. Anerkennung im Arbeitsleben«. In: *Manager Seminare,* Nummer 128, September 2009, Seite 20 ff.

Boehlen-Theile, Claus: »Der Alte Chef ist wieder da«. In: *Kölnische Rundschau,* 19.02.2013

Buchhorn, Eva und Klaus Werle: »Die Frust AG. Schlecht geführt und kaum gefördert – immer weniger Menschen sind im Job glücklich«. In: *Manager Magazin,* Nummer 12/2011, S. 138 ff.

Davenport, Thomas H. und Jeanne Harris, Jeremy Shapiro: »Talente richtig analysieren«. In: *Harvard Business Manager,* Dezember 2010, Seite 80 ff.

Engeser, Manfred: »Störe! Diene! Verschwinde! Was Managementquerdenker Reinhard K. Sprenger Führungskräften rät, um Unternehmen fit zu machen für die Zukunft«. In: *Wirtschaftswoche,* Nummer 37, 10.09.2012, S. 80 ff.

Fifka, Matthias F.: »Mittleres Management unter Druck«. In: *Personal im Fokus,* 3/2012, Seite 34 ff.

Gloger, Axel: »Management braucht keine Hierarchie mehr. Charles Handy im Interview«. In: *Manager Seminare,* Nummer 178, Januar 2013, Seite 24 ff.

Grosse-Halbuer, Andreas: »Vier Minuten pro Büro. Lausige Löhne, befristete Jobs, mieses Miteinander: Der Deutsche Bundestag scheint eine Hochburg für prekär Beschäftigte zu sein«. In: *Focus,* Nummer 48/2012, Seite 34 ff.

Hahn, Hans-Joachim: »Die abendländisch-christlichen Werte als Erfolgsfaktor«. In: *Idea Spezial,* Nummer 7/2012, S. 12 ff.

Höfler, Norbert und Rolf Herbert Peters: »Wir hocken in einem Käfig der Bequemlichkeit. Gespräch mit Notker Wolf, dem obersten Abt des Benediktiner-Ordens«. In: *Stern,* Nummer 26/2006, Seite 112 ff.

Höhmann, Ingmar: »Größe zählt doch. Oft machen es sich Gründer gemütlich, wenn ihr Unternehmen eine überschaubare Größe erreicht hat. Doch das kann verhängnisvoll sein«. In: *Technology Review,* August 2010, Seite 56 ff.

Lawler, Edward: »Warum verlieren wir unsere guten Leute?« Fallstudie mit Beiträgen von Anna Pringle, F. Leigh Branham, James M. Cornelius, Jean Martin. In: *Harvard Business Manager,* Nummer 2/2010, Seite 53 ff.

Martens, Andree: »Gestalter ohne Gesicht: Mittelmanagement«. In: *Manager Seminare,* Nummer 164, November 2011, Seite 66 ff.

N. N.: »Best Ager: Die Renaissance des Alters«, mit Beiträgen von Sonja Frank, Marion Festing, Wolfgang Straßer, Rudolf Kast, Reinhard Winter, Ludger Greulich. In: *Personal im Fokus,* Nummer 3/2013, S. 12 ff.

N. N.: »Brauchen wir einen Führerschein für Führungskräfte?« Darin: Martin Wehrle: »Flensburg für Führungskräfte«. In: *Manager Seminare,* Nummer 176, November 2012, Seite 60 ff.

Olesch, Gunther: »Vom Business Partner zum Steering Partner. Der von Dave Ulrich geprägte Begriff des HR Business Partners greift mittlerweile zu kurz«. In: *Personalwirtschaft*, 10/2011, Seite 59 ff.

Schermuly, Carsten C. und Tobias Schröder, Jens Nachtwei, Karl Gläs: »Recruiting im Jahr 2020«. In: Harvard Business Manager, Nummer 11/2012, Seite 8 ff.

Stiefel, Susanne: »Wo Chef ein Schimpfwort ist. Für die einen ist er ein guter Geschäftsmann, für die anderen ein Kommunist: Gernot Pflüger zahlt den gleichen Lohn für alle«. In: *Badische Zeitung*, 04.03.2009

3. Online-Quellen

Hinweis: Letztes Abrufdatum für alle Online-Quellen: 16.04.2013

Brückner, Florian: »Bob Lutz – US-Autolegende steht vor Comeback«
http://www.handelsblatt.com/unternehmen/management/koepfe/general-motors-bob-lutz-us-autolegende-steht-vor-comeback/3847678.html

Gillies, Constantin: »Cheflose Unternehmen: Ein Hauch von Anarchie«
http://www.handelszeitung.ch/management/cheflose-unternehmen-ein-hauch-von-anarchie

König, Andrea: »Führungskräfte sollen Werte stärker vorleben«
http://www.cio.de/karriere/2899917/

Möller, Joachim: »Es fehlen Fachkräfte, weil die Gesellschaft altert – stimmt's?«
http://www.spiegel.de/karriere/berufsleben/fachkraeftemangel-hat-nichts-mit-demographischem-wandel-zu-tun-a-837409.html

N. N.: »Billig-Löhne für hunderte Bundestags-Beschäftigte«
http://www.bild.de/politik/inland/mindestlohn/bundestag-speist-beschaeftigte-mit-billigloehnen-ab-27363234.bild.html

N. N.: »Führung: Problem oder Lösung für Organisationen? Studie zeigt fehlendes Bewusstsein für schlechte Führung«
http://www.presseportal.de/pm/106983/2344965/fuehrung-problem-oder-loesung-fuer-organisationen-studie-zeigt-fehlendes-bewusstsein-fuer-schlechte

N. N.: »Gehälter schrumpfen gewaltig«
http://www.focus.de/finanzen/karriere/perspektiven/realeinkommen-gehaelter-schrumpfen-gewaltig_aid_468412.html

N. N.: »Geringverdiener verlieren, Besserverdiener gewinnen«
http://www.focus.de/politik/deutschland/realeinkommen-geringverdiener-verlieren-besserverdiener-gewinnen_aid_327625.html

N. N.: »Marktanteil von Nokia am weltweiten Absatz von Smartphones vom 1. Quartal 2007 bis zum 3. Quartal 2012«
http://de.statista.com/statistik/daten/studie/12861/umfrage/marktanteil-von-nokia-smartphones-seit-2007/

N. N.: »Rekordgehalt: VW-Chef Winterkorn kassiert 17 Millionen Euro«
http://www.spiegel.de/wirtschaft/unternehmen/rekordgehalt-vw-chef-winterkorn-kassiert-17-millionen-euro-a-820743.html

Ostermann, Gudrun: »Jüngere laufen schneller, Ältere kennen die Abkürzung«.
http://derstandard.at/1353207867333/Juengere-laufen-schneller-Aeltere-kennen-die-Abkuerzungen

Reichart, Daniela: »Ex-Bosch-Manager vermittelt 300 Rentner weltweit«
http://www.energie-und-technik.de/berufkarriere/arbeitswelt/article/78071/0/Ex-Bosch-Manager_vermittelt_300_Rentner_weltweit/

Schneppen, Anne: »Die größte Kirchengemeinde der Welt«
http://www.faz.net/aktuell/gesellschaft/yoido-full-gospel-church-die-groesste-kirchengemeinde-der-welt-1408357.html

Terpitz, Katrin: »Schafft die Manager ab!«
http://www.handelsblatt.com/meinung/kommentare/hierarchien-schafft-die-manager-ab/7087848.html

Tödtmann, Claudia: »Ungehörige Chefs, die Anstand und Umgangsformen nur anderen abverlangen, richten nachweislich hohe Schäden an«
http://blog.handelsblatt.com/management/2010/07/22/ungehorige-chefs-die-anstand-und-umgangsformen-nur-anderen-abverlangen-richtet-nachweislich-hohe-schaden-an-lesehinweis/#more-638879

Williams, David K.: »Top 10 List: The Greatest Living Business Leaders Today«
http://www.forbes.com/sites/davidkwilliams/2012/07/24/top-10-list-the-greatest-living-business-leaders-today/

Register

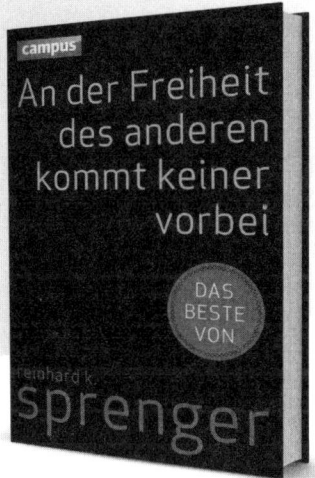